日本の
ポータブル・レコード・プレイヤー
CATALOG

みんなこいつで聞いていた！

　CDの時代になって、アナログ時代の復刻の際、もとのマスター・テープから新たにリマスタリングを施し、アナログでは判らなかった、制作者の意図や偶然が数多く発見され、音源の再認識／再発見がたくさんされるようになりました。聞き慣れていた音からでは判らなかったことが発見されることは確かに面白く、90年代は聞き手にとって過去の発掘／再発見が大きなテーマとしてあったように思います。

　21世紀に入って、わけあってぼくは、ソノシートや特定の地域で作られたレコードなど、様々な「音楽をヒットさせるために作られたわけではないレコード」に興味を引かれ、それらのレコードの方が、実は今まで一般的だと思っていた「音楽をヒットさせるために作られるレコード」よりも圧倒的に数が多いことに気付かされます。それらのレコードは、思い返してみれば棚の中のレコードのあいだでグシャグシャになっていたり、本の間に挟まっていたり、押し入れにしまい込まれていたり、目的が済んだら捨てられたりしていました。そして、そんな意識にも上らないようなレコードたちは、しかしやっぱり聞かれていたし、記憶を掘り起こせば、聞いた覚えもあったのです。

　音楽ですらないことも多いこれらのレコードをなぜ聞いたのかと言えば、今のように趣味にあった音源をたくさん入手することは経済的にできなかったけれども、プレイヤーはあったので、言ってしまえば、ターンテーブルの上が空いていたからなわけです。みな聞くものがほしかったのです。

　そして、そのプレイヤーとはなんだったのか、これもまた記憶をほじくりかえしてみれば、それはおもちゃみたいな小さなレコード・プレイヤーでした。しっかりしたステレオ・セットなんぞが普通に買えるようになったのは、もう80年代に入ってからだった気がします。しかし、そのような小さなおもちゃみたいなプレイヤーで聞いていたのは、経済的な理由だけではなく、その手軽さ、手頃感とでもいったものにもあったと思います。そして、もしかしたらその音そのものにも。

　こんな風にポータブル・レコード・プレイヤーに注目するようになったのは、ぺらぺらのソノシートを本格的なステレオ・セットで聞くのがどうもしっくりこないなと感じたことがきっかけでした。これらのレコードは、そもそもポータブル・プレイヤーで聞いていたのではないか。その方が体感的にとてもしっくりくるのです。

　そう考えたときに、もうひとつの記憶が甦ってきました、ずいぶん前に友人に、ジャニス・ジョプリンのシングルを「これで聞いた方がなんかいいんだよ」と言われて、ポータブル・プレイヤーで聞かされたとき、ぼくは「あ、懐かしい、こんな音だった」と感じたのです。

　考えてみれば、ヒット曲だって、当時のラジオやテレビのしょぼいスピーカーから流れてくる音を聞いて「ああ、いい曲だな」と思ったり、

　買ったレコードを、目の前で回る盤を眺めながら何度も何度も聞いたりするその風景とセットで人々の中で馴染んでいったはずです。70年代以前に本格的なオーディオ・セットで日々レコードを聞いていた人なんて本当に少数だったと思います。

　そもそもレコードは音楽マニアだけが聞いていたわけではありません。レコードは考えられているより、もっともっと庶民的で、生活に食い込んでいたと思います。CD時代のアナログ音源再考によって、見落とされてしまったのは、聞き手の感触だと思います。音楽を制作者の側から掘り下げる方向に行き過ぎて、そのレコードが、なぜヒットしたのか、なぜ聞かれたのか、どんな音で、どんな気分で聞いていたのか、そのような「体感」、つまりは聞き手側の時代の事情を考えなくなってしまった気がするのです。

　そんなことをつらつら考えているうちに、ソノシートはソノシートらしくその当時のプレイヤーで聞いてみようと思って、リサイクルショップで古いポータブル・レコード・プレイヤーを買ってみたら、これがなんとも愛らしくて、聞いたレコードの内容のことよりも、「レコードを聞く」という行為そのものが本当に愉しみだったのだということが身体で判った気がしたのです。

　それは80年代以降に一般的だった、ボタンひとつで自動的にアームが動くようなものではなくて、針をレコードの端に置いて、聞き終わったら元の位置に戻すような手間のかかるようなプレイヤーで、聞きたい場所に持って行って、そのシチュエーションを楽しんだり、さらにはその核であるプレイヤーそのもののフォルムの愛らしさも含めた、「レコードを聞く」という行為そのものの愉しさは、音源の愉しさに匹敵する、いや、もしかしたらそれ以上のものがあるのではないかと思ったのです。

　それに気付いてからは、見たことのないプレイヤーに出会うたびに安価であれば買い求め、ときにはそのフォルムの魅力だけで動きもしないものも買ってしまったりして、いつの間にか我が家には「レコード・プレイヤーの部屋」がひとつ充てがわれることになってしまいました。

　ということで、お気に入りのやつや、面白いやつなど、基本的には日本で作られたポータブル・レコード・プレイヤーをいろいろご紹介いたします。

　ところで、ポータブル・プレイヤーの定義ですが、一応、「持ち運べる」「スピーカーが付いている」「電池駆動する」が三大条件でしょうか。例外も多々含めた感じで行ってみたいと思います!!

　　　　　　　　　　　　　　　　　　　　　　　　　　　田口史人

目次

PART1
ポータブル・プレイヤー前史 ──────── P.08-

PART2
爛熟のポータブル・プレイヤー全盛期 ──────── P.42-

PART3
おもしろプレイヤーあれこれ ──────── P.198-

各部の名称と凡例 ──────────── P.06-
かわいい、おもちゃプレイヤーたち 岡村みどり・談 ── P.192-
雑談 田口史人＋湯浅学 ──────────── P.228-

モデル：FG-650、さや、植野隆司　　ロケーション：試聴室その2

各部の名称と凡例

RITTORSHA — 製作会社、レーベル

PP-01 — 本体に記載してある製品の型番

サイズW38.5／D21.5／H7 — プレイヤーを水平に、右手にアームがある状態で、幅／奥行き／ふたを閉めたときの高さをアバウトに測ってます（単位：cm）。持ち手などが折りたためるときは折りたたんだ状態で測っています

- 指かけ
- トーンアーム
- スピーカー
- ACアダプター
- スピンドル
- ターンテーブル
- アダプター
- 筐体
- ボリュームつまみ
- ピッチコントロール
- ピックアップ
- LINE IN（ポータブルの場合主にマイク入力）
- LINE OUT（ポータブルの場合主にイヤホン・ジャック）

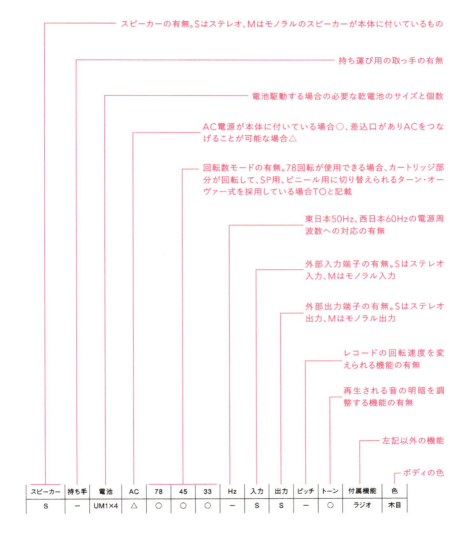

スピーカー	持ち手	電池	AC	78	45	33	Hz	入力	出力	ピッチ	トーン	付属機能	色
S	−	UM1×4	△	○	○	○	−	S	S	−	○	ラジオ	木目

- スピーカー: スピーカーの有無。Sはステレオ、Mはモノラルのスピーカーが本体に付いているもの
- 持ち手: 持ち運び用の取っ手の有無
- 電池: 電池駆動する場合の必要な乾電池のサイズと個数
- AC: AC電源が本体に付いている場合○、差込口がありACをつなげることが可能な場合△
- 78/45/33: 回転数モードの有無。78回転が使用できる場合、カートリッジ部分が回転して、SP用、ビニール用に切り替えられるターン・オーヴァー式を採用している場合T○と記載
- Hz: 東日本50Hz、西日本60Hzの電源周波数への対応の有無
- 入力: 外部入力端子の有無。Sはステレオ入力、Mはモノラル入力
- 出力: 外部出力端子の有無。Sはステレオ出力、Mはモノラル出力
- ピッチ: レコードの回転速度を変えられる機能の有無
- トーン: 再生される音の明暗を調整する機能の有無
- 付属機能: 左記以外の機能
- 色: ボディの色

P.007

PART1
ポータブル・プレイヤー前史

ポータブル・レコード・プレイヤーの基準は、「持ち手がある」「電池で動く」「スピーカーが付いている」を三大条件としたいところですが、電池が普及するのが60年代中頃なので、基本的にそれ以前はAC電源のものしかありません。SPからビニール盤にメディアが移行して、ビニール盤のレコード・プレイヤーが登場してから後の、ここで言う、いかにも「ポータブル・レコード・プレイヤー」な世界へ繋がりそうな、初期の小型の卓上プレイヤーなどを中心に、まずはポータブルのお兄さんたちをご紹介します。

VICTOR　RP-301

SP時代のポータブルなのにルックスはビニール盤が
かけられそうなビクターの電蓄。ご先祖様です。

ポータブル・プレイヤー前史

COLUMBIA　MODEL 333D

60年代卓上ステレオ・ポータブルの高級機。
ムリしてでもこういう卓上型を買うことで「豊かさ」を
しみじみ感じたのだと思います。美しいです。

サイズ　W62／D22／H20

スピーカー	持ち手	電池	AC	78	45	33	Hz	入力	出力	ピッチ	トーン	付属機能	色
S	−	−	○	○	○	○	−	−	−	−	○	ラジオ（2バンド）	木目

フロントのカヴァーを開けるとプレイヤーが。
奥行きがないので、LP盤をかけるためにボディの後ろに穴を開けているのが大胆

COLUMBIA MODEL 4215

スピーカーもない最初期卓上型ポータブル。
色あいといい、曲線を活かしたフォルムといい、
相当オシャレです。特にこの太い象牙のようなアームはこの時代ならでは。小型ですが、大人向けに作られていたことが伝わる高級感漂う逸品。

サイズ W31 ／ D20.5 ／ H13

スピーカー	持ち手	電池	AC	78	45	33	Hz	入力	出力	ピッチ	トーン	付属機能	色
−	−	−	○	○	○	○	−	−	M	−	−	−	濃緑

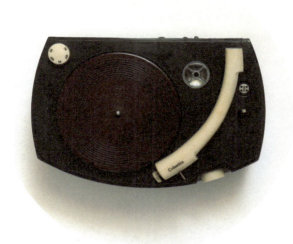

真上から見ると、そのフォルムの優雅さがよく判ります。
透明のカヴァーは、もうボロボロでした

COLUMBIA MODEL 2200

化粧箱のようなルックスが最高にシャレているコロムビアの初期の逸品。フロント側面に二つのスピーカー的なデザインがありますが、音はモノラル。汚れやすく掃除しづらいボディなので、ボロボロの機体が多いですが、当時はさぞかし美しかっただろうことが伝わってきます。知的で愛らしいミス・ポータブル！

サイズ W31／D27／H12

スピーカー	持ち手	電池	AC	78	45	33	Hz	入力	出力	ピッチ	トーン	付属機能	色
M	◯	−	◯	TO	◯	◯	−	−	−	◯	−	−	乳白

ポータブル・プレイヤー前史

CROWN TP-4

新興のレコード・メーカーだった頃のクラウンが製作した
ポータブル・プレイヤー。残念ながらスピーカーは外付け。
だけど電池駆動付きは早かった。完全なポータブルまで
あと一歩。

サイズ W29／D14／H13

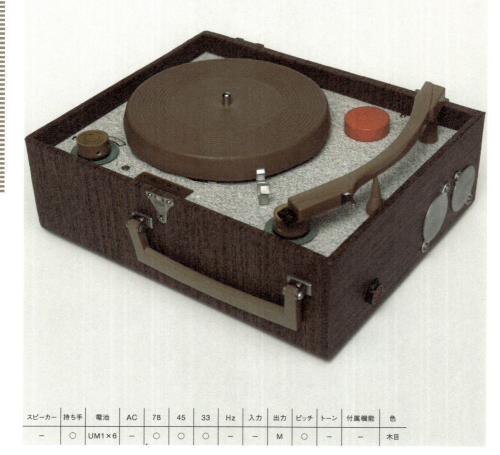

スピーカー	持ち手	電池	AC	78	45	33	Hz	入力	出力	ピッチ	トーン	付属機能	色
−	○	UM1×6	−	○	○	○	−	−	M	○	−	−	木目

ポータブル・プレイヤー前史

 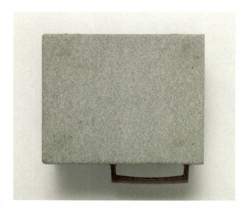

持ち手の位置が変。なぜ中央にしなかったのだろう

展示品だったらしく、こんなものも中に入っていた

DREAM DL-71

ドリーム電業というメーカーの
センスのいいデザインのポータブル。

サイズ W30／D23／H11

スピーカー	持ち手	電池	AC	78	45	33	Hz	入力	出力	ピッチ	トーン	付属機能	色
M	○	−	○	−	○	○	?	−	−	−	−	−	赤

ポータブル・プレイヤー前史

このスピーカー・カヴァーの感じは60年代ならでは。
アームを架台に載せるとボディの外にはみ出てしまうのが、
なんだか不安で面白い

P.021

DREAM 型番不明

こちらは型番の判らない、やはりドリーム電業のポータブル。DL-71よりも機能は古そうなんですがセンスは新しい。'10年代にリバイバルしているレトロ調プレイヤーの原型になっているのでは。

サイズ W30／D23／H10.5

スピーカー	持ち手	電池	AC	78	45	33	Hz	入力	出力	ピッチ	トーン	付属機能	色
M	○	−	○	○	○	○	?	−	−	○	−	−	赤

ポータブル・プレイヤー前史

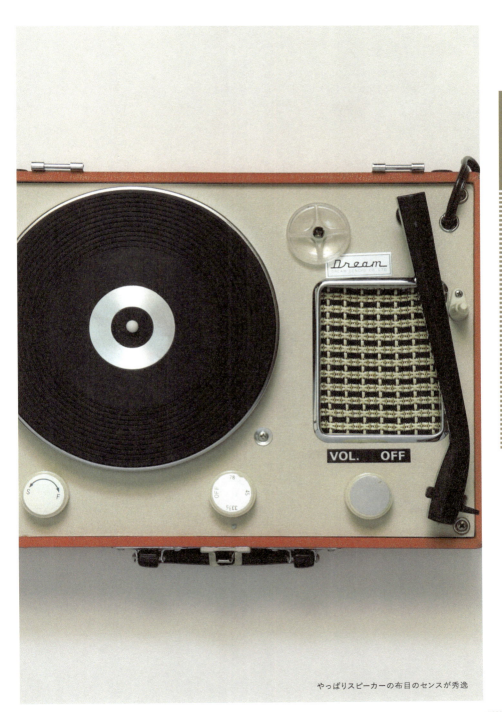

やっぱりスピーカーの布目のセンスが秀逸

KEP　TP-65

知らないメーカーだけどTAKTっぽいな、と、思ったら、KEP＝兼松家電株式会社。TAKTブランドを作った会社でした。

サイズ　W31／D21／H10.5

スピーカー	持ち手	電池	AC	78	45	33	Hz	入力	出力	ピッチ	トーン	付属機能	色
M	○	-	○	○	○	○	-	-	-	-	-	-	赤

ポータブル・プレイヤー前史

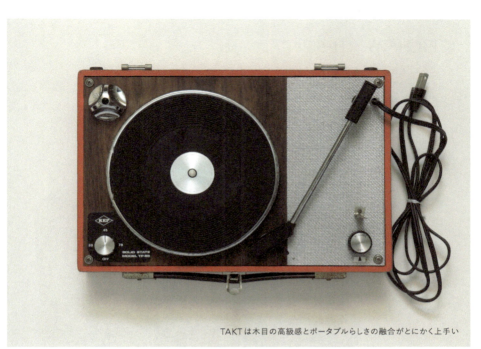

TAKTは木目の高級感とポータブルらしさの融合がとにかく上手い

TEICHIKU TH-65

ボロボロで動きませんが、テイチク初期のポータブル。表面が綿加工で、なんとふたがチャック!!当時の「家」の空気を想像させてくれる。この存在感が凄い。柔らかさの向こうに夢想された「文化生活」が見えるよう。

サイズ W31／D21／H11.5

スピーカー	持ち手	電池	AC	78	45	33	Hz	入力	出力	ピッチ	トーン	付属機能	色
M	○	-	○	-	○	○	?	-	-	○	-	-	えんじ

ポータブル・プレイヤー前史

チャックで閉じると、まったくプレイヤーに見えない

TOSHIBA　TP-2

東芝の最初期卓上ポータブル。とにかくフォルムの美しさ
と気品にくらっとする、本当はわたしなんぞが持っていちゃ
いけない上流階級の一品。

サイズ　W30 ／ D20 ／ H14

カヴァーは透明です

ボリュームつまみがボディの横にさりげなく。このつまみの触り心地がまたなめらかで……

スピーカー	持ち手	電池	AC	78	45	33	Hz	入力	出力	ピッチ	トーン	付属機能	色
−	−	−	○	○	○	○	−	−	M	−	−	−	青

UNIPET PL-103

木製のBOX型は60年前後のポータブルの主流。
よく知らないメーカーですが、同型のものが多数の
大小メーカーから出ています。

サイズ W29 ／ D20.5 ／ H11.5

スピーカー	持ち手	電池	AC	78	45	33	Hz	入力	出力	ピッチ	トーン	付属機能	色
M	○	−	○	○	○	○	−	−	−	−	−	−	橙

ポータブル・プレイヤー前史

ああ、マットがない……。どんなデザインだったんだろう……

頑張って掃除したもののだいぶ傷んでいます。この手のプレイヤーはキレイなものは少ないです

VICTOR 朝日ソノラマ

朝日ソノラマとあるから'59年産？　間違いなく宣伝用でしょう。
その存在だけでもう充分。ターンテーブル部とスピーカー部の
電源が別になっています。

サイズ　W41／D32.5／H20

ポータブル・プレイヤー前史

スピーカー	持ち手	電池	AC	78	45	33	Hz	入力	出力	ピッチ	トーン	付属機能	色
M	–	–	○	○	○	○	–	–	M	–	–	–	えんじ

様々なものの宣伝用レコードをかけるためにポータブル・プレイヤーが店頭にあったという話はよく聞きますが、ソノシートを宣伝したいのだからあるべくしてあった宣伝用プレイヤー。プレイヤーにしてディスプレイPOP

VICTOR SPE-9

ルックス的には、当時主流の箱型の大ぶりなタイプで、ステレオっぽくないけれどもコンパクトにまとめたなんとかステレオ。この幅ではステレオを感じるのも難しそうですが、ステレオを享受できたという喜びの方が勝っていた時代を思わせます。なんとか手が届く高級機という、買い手の夢の現実的な落としどころになったのでは。トーン・コントロールが付いているのがちょっと珍しいです。

サイズ W36／D24／H17

スピーカー	持ち手	電池	AC	78	45	33	Hz	入力	出力	ピッチ	トーン	付属機能	色
S	○	−	○	TO	○	○	−	−	−	○	○	−	ピンク

ポータブル・プレイヤー前史

トーン・コントロールのフェーダーがかっこいい

VICTOR STE-7000

ずうたいはでかいけどかなり軽い。素材もプラスチックでほとんどポータブル。この機からステレオのアウトが付いて高級感がぐんと増しました。イヤホンを二本挿して、別々に耳に装着するという過渡期らしいアイデアにグッときます。

サイズ W37 ／ D23 ／ H19

スピーカー	持ち手	電池	AC	78	45	33	Hz	入力	出力	ピッチ	トーン	付属機能	色
S	−	−	○	TO	○	○	−	−	S	○	−	−	えんじ

ポータブル・プレイヤー前史

この右のところが左右のイヤホンを挿すところ

VICTOR PE-6001

最高にモダンなビクターにしてはとってもシャレたデザイン。
ふたを閉じるとプレイヤーっぽくなくなるのがニクい！

サイズ W34 ／ D20.5 ／ H10

スピーカー	持ち手	電池	AC	78	45	33	Hz	入力	出力	ピッチ	トーン	付属機能	色
M	○	−	○	TO	○	○	−	−	−	○	−	−	橙

ポータブル・プレイヤー前史

アームも長身にスリムに見えます

この部分が高級感をそそります

NATIONAL FG-650

プラスチックな素材なのに、品位があふれ出すような真のオシャレプレイヤー。こういうデザインを見ると、洗練されたデザインの感覚ってこの辺で止まっちゃったんじゃないかなって思ってしまいます。

サイズ W26／D25／H11

スピーカー	持ち手	電池	AC	78	45	33	Hz	入力	出力	ピッチ	トーン	付属機能	色
M	○	−	○	○	○	○	−	−	−	−	−	−	えんじ

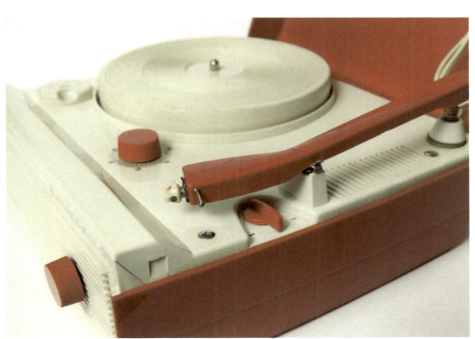

ピッチ・コントロールつまみが一段沈んだところにあるのもなかなか

品位を落とさないカジュアルさがいいです

PART2
爛熟のポータブル・プレイヤー全盛期

電池が普及し、電源コードから解き放たれたレコード・プレイヤーは、持ち手を付けて、移動を前提に作られるようになります。日本の景気も良く、若者も好きなレコードを買えるようになり、いよいよ様々なプレイヤーが登場し始めます。特に低年齢層へ向けたプレイヤーがぐんと増え、プラスチック感が楽しさを演出。メーカーもそこに当て込んで、様々なアイディアを駆使し、人目を引くようなデザインを生みました。その面白可愛い、全盛期の名機たちをご紹介します。

CDの時代にアナログを支えた功労者
COLUMBIA GP-3シリーズ

昨今のアナログ・レコード再流行に後押しされる形で、現行品でもポータブル・レコード・プレイヤーは数多く出ていますが、00年代に入って製造中止になってしまったにも関わらず、近年のポータブル・レコード・プレイヤーと言ったら、これを思い起こす人が多いのでは。

使い勝手の良さに加えて、ハイファイなレコードからソノシート、音楽からおしゃべりまで、何を聞いても過不足無い、バランスのよい音が魅力。電池の保ちの良さにも定評があります。90年代後半のアナログ・ブーム時にたくさんの限定モデルが出るようになり人気が再燃しました。

最も一般的なのは、赤／白の配色のものですが、限定モデルが出るようになってからは、この配色のものがGP-3Rという規格になったようです。ご覧の通り様々なモデルがあります。日立との提携時には、この赤白の配色のものと完全に同型のものが、MQ-25としても出ています。dj hondaに始まり、ピチカート・ファイヴ、ミッシェル・ガン・エレファント、コーネリアスなどのアーティストもの、ピンクのキティちゃんモデルなんかもあり。レゲエ・ファンに当て込んだジャマイカ・モデルと、最後期に出たカジヒデキ・モデルと言われている（記憶がない）スケルトン・イエローなどちょっと珍しいです。

もうひとつ、このプレイヤーの特徴は壁掛けの機能があることで、横になってもレコードが落ちないようにスピンドルに筋が入っていて、レコードを押さえるホルダーが引っ掛けられるようになっています。そして、アームの裏にバネがあって、アームもレコード盤に押さえつけられるような絶妙な工夫があり、この機能で、なんとプレイヤーごと完全に逆さにしてもレコードがかけられます。

さらに、大ヒットした余勢で、なんとGP-3専用のDJミキサーまで出ちゃってます。それがGMX-3。このプレイヤーが大ヒットした90年代後半のアナログ・ブームを支えたのはDJカルチャーだったので、ポータブル・プレイヤーでのDJが可能なように作られたものです。

しかし、元のGP-3の造形を流用したこのダサいルックスと、GP-3と打って変わって、とんでもない使い勝手の悪さから、まともに使った人はほとんどいなかったはず。そもそも元がモノラルだし、頭出しもろくにできず、ただ2台の音が混ぜられるだけというずさんさにただがっかり。

爛熟のポータブル・プレイヤー全盛期

GP-3 サイズ W38.5 ／ D21.5 ／ H7

スピーカー	持ち手	電池	AC	78	45	33	Hz	入力	出力	ピッチ	トーン	付属機能	色
M	○	UM1×6	○	−	○	○	−	M	○	−	壁掛け	赤

GP-3S　ピチカート・ファイヴ・モデル

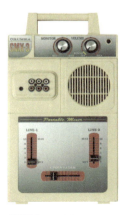

GMX-3　DJミキサー

GP-3C　スケルトン／コーネリアス・モデル

GP-3J　ラスタ／ジャマイカ・モデル

爛熟のポータブル・プレイヤー全盛期

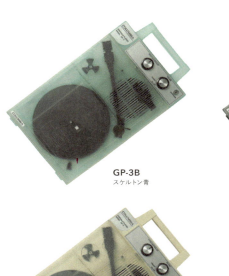

GP-3B スケルトン青

GP-3 黒／ミッシェル・ガン・エレファント・モデル

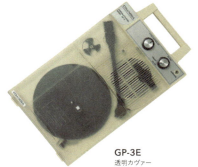

GP-3E 透明カヴァー

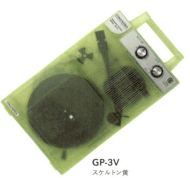

GP-3V スケルトン黄

GP-3K ピンク／キティちゃん・モデル

GP-3H 黒／dj honda モデル

dj honda モデルにはアームにロゴ入り

これが70年代の音です

NATIONAL SF-321 ／ NATIONAL SF-320 ／ NATIONAL SG-323N

GP-3の前に最もフツーだったポータブル・プレイヤーと言ったら、これ。だいぶ小ぶりで、シングルしか聞けなさそうに見えますが、これでもLPがちゃんと聞けますし、どーんと中域が出たパワーのある音が、いかにも時代!「アナログ聞いてるなー」っていう実感に浸れます。

前機種のSN-320だとちょっと60年代の香りがして、こちらもなかなか味があり。

オススメは後継機のSG-323Nで、これは形は同じですが、マイク入力が付いています。僕はここにCDプレイヤーを差して聞いたりしてます。現代のCDも魔法のようにナショナルの音に（笑）！ 完全に邪道ですが。

このSN-321とSG-323は、中古品もGP-3並みに本当によく出てきますが、このプレイヤーには50Hz対応と60Hz対応とがあります。

日本は東西で供給の電気周波数が違います。富士川を境に以西が60Hz、以東が50Hzになっています。この変換がなかなか困難で、ある時期から両地域対応のものが主流になりますが、70年代以前のものはどちらかにしか対応していないものが多いです。関東で関西のプレイヤーをかけると2割くらい遅く、逆に関西で関東のものを使うと早くなります。

ルックスからしても新し気で、よく見かけるので買いやすいのですが、周波数を確認してから買いましょう。本体の裏に書いてあります。

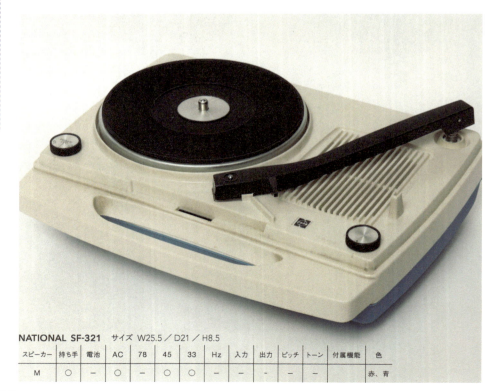

NATIONAL SF-321 サイズ W25.5 ／ D21 ／ H8.5

スピーカー	持ち手	電池	AC	78	45	33	Hz	入力	出力	ピッチ	トーン	付属機能	色
M	○	-	○	-	○	○	-	-	-	-	-		赤、青

爛熟のポータブル・プレイヤー全盛期

NATIONAL SF-320　サイズ W25.5／D21／H8.5

スピーカー	持ち手	電池	AC	78	45	33	Hz	入力	出力	ピッチ	トーン	付属機能	色
M	○	−	○	−	○	○	−	−	−	−	−	−	赤、青

爛熟のポータブル・プレイヤー全盛期

NATIONAL SG-323N							サイズ	W25.5／D21／H8.5				
スピーカー	持ち手	電池	AC	78	45	33	Hz	入力	出力	ピッチ	トーン	付属機能	色
M	○	–	○	–	○	○	–	M	–	–	–	–	赤、青

右側にマイク入力端子があるのが323

舶来の香り漂う60's ポータブル
TAKT TP-5／TAKT TP-33

ナショナルSF-321以前に人気のあったポータブル・プレイヤーの代表はこれ。しゃれたシンプルなデザインはTAKTならでは。同型のプレイヤーいくつかありますが、代表的なのはTP-33でしょうか。やはり数の多いTP-5にはマイク入力が付いています。少し背伸びの感じが時代を象徴している気がするのですが、それは現代から遡って見ているからで、当時としては、若者向けにスタイリッシュに、カジュアルに展開した結果かと。まだレコードがオトナのものだった時代、最後のプレイヤーという感じがします。デザインのセンスが日本のプレイヤーらしくなく、欧米のプレイヤーに通じる、軽さと大柄な感じが他のプレイヤーと一線を画しています。これが後継機のTP-36になると、形を受け継いでいるのだけれど、この欧米感が消え、日本の子供向けプレイヤーに馴染んでしまうこの不思議。

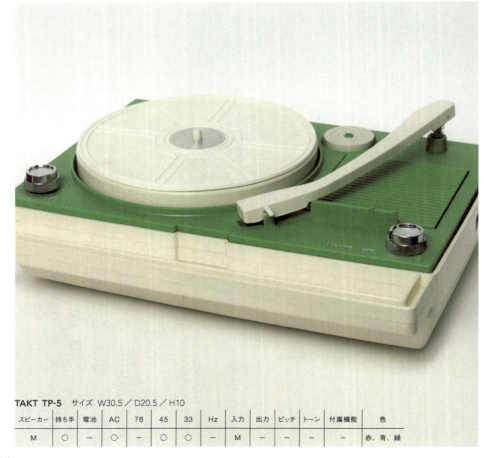

TAKT TP-5	サイズ	W30.5／D20.5／H10										
スピーカー	持ち手	電池	AC	78	45	33	Hz	入力	出力	ピッチ	トーン	付属機能	色
M	○	−	○	−	○	○	−	M	−	−	−	−	赤、青、緑

爛熟のポータブル・プレイヤー全盛期

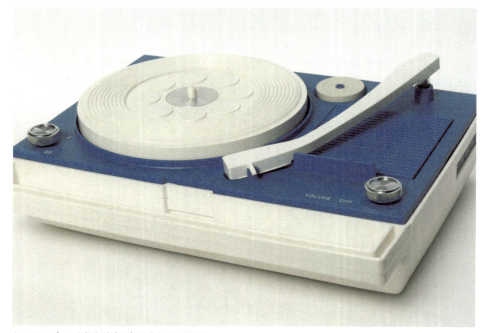

ターンテーブルの走行音がゴロゴロと大きいのが特徴

爛熟のポータブル・プレイヤー全盛期

TAKT TP-33　サイズ W30.5／D20.5／H10

スピーカー	持ち手	電池	AC	78	45	33	Hz	入力	出力	ピッチ	トーン	付属機能	色
M	○	-	○	-	○	○	-	-	-	-	-	-	赤、青、緑

ヴィヴィッドな発色の赤、緑、青の三色。三台を並べたときのポップさは格別。ターンテーブルのマットのデザインのカッコよさにも注目!!

ポータブルとダンディズム
TAKT RP-880

真空管からSOLID STATEへ、大人から子供のものへ、卓上から持ち歩きへと、ポータブルの大きな過渡期に生まれた、これがTAKTの最高傑作プレイヤー。時代はカジュアルに、プラスチック主体になろうという頃に、この会社特有のセンスを突き詰めた先にあったのがこのプレイヤーでは。

広々とした余裕のあるフォルムとこの高級感……あまりの完成度の高さに卒倒しそうです……。

聞き手の気持ちはポータブル気分ではなく、完全にオーディオ気分だったはず。そう、あくまでオーディオ「気分」。そこが重要。

爛熟のポータブル・プレイヤー全盛期

TAKT RP-880 サイズ W30.5／D35.5／H8

スピーカー	持ち手	電池	AC	78	45	33	Hz	入力	出力	ピッチ	トーン	付属機能	色
M	○	UM1×4	△	−	○	○	M	−	−	−	−	ラジオ	木目

広々とした庭園のようなフォルムとコントロール部のメカ感の同居

レコードをかけたときの表情がポータブルとは思えない高級感

爛熟のポータブル・プレイヤー全盛期

ボリュームがフェーダーで側面に付いているのも意外

この持ち手の高級感はちょっと他のプレイヤーではありえない

カヴァーのデザインまで凝ってます。完璧……

くだけたオトナ
TOSHIBA GP-25

ポータブル・プレイヤーの初期の人気作、東芝のリズミー・シリーズは、金属製のごつい蓋付きながら、そのフォルムは完全にプラスチック・ボディの時代を先駆けていたと思うのですが、もうステレオ版リズミーも出ているという時期に、下位機種というか、ぐんとカジュアル路線で出したと思われるリズミーのやわらか版。

その柔らかさは、その後のプレイヤーにも見られないほど柔らかく、これではまるでプラスチック洗面器……。こんなルックスで心配にさせといて、蓋を開けてレコードをかけてみれば、真空管が生きたリズミー・シリーズのぶっとい音が健在！ 後にも先にもないこの存在感が楽しいプレイヤーです。

TOSHIBA GP-25		サイズ	W32／D21.5／H10.5									
スピーカー	持ち手	電池	AC	78	45	33	Hz	入力	出力	ピッチ	トーン	付属機能	色
M	○	−	○	−	○	○	−	−	−	−	−	−	青

爛熟のポータブル・プレイヤー全盛期

ターンテーブルを外したところ。ポータブルはベルト・ドライブではありません

60年代を代表するプレイヤー、東芝の通称リズミー・シリーズ。真空管の太い音が生きた音の生々しさが実に時代のいいところを体現しています。頑丈なボディは今見ると野暮ったくも見えますが、中のアームやダイヤル部分のデザインの高級感はシックで、このプレイヤーが大人向けだったことを感じさせます

トーン・アームのデザインが最高にオシャレ

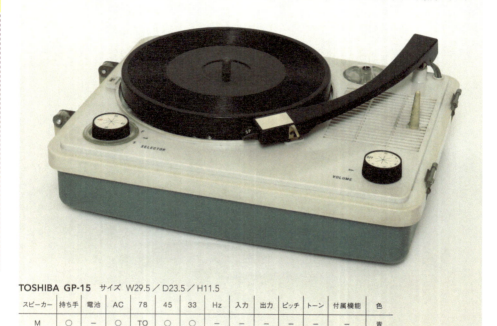

TOSHIBA GP-15 サイズ W29.5／D23.5／H11.5

スピーカー	持ち手	電池	AC	78	45	33	Hz	入力	出力	ピッチ	トーン	付属機能	色
M	○	–	○	TO	○	○	–	–	–	–	–	–	青

本当はPART1に入るべき金属ふたの初期リズミー

爛熟のポータブル・プレイヤー全盛期

GP-15から機能はほとんど変わってませんが、より洗練された、というか少し年齢層が下がった感じ。時代がカジュアルに寄っていっているのが感じられます

TOSHIBA GP-18　サイズ W29.5／D23.5／H11.5

スピーカー	持ち手	電池	AC	78	45	33	Hz	入力	出力	ピッチ	トーン	付属機能	色
M	○	−	○	TO	○	○	−	−	−	−	−	−	ピンク

ステレオ・ポータブルの家元
VICTOR PE-8400 ／ SPE-8200 ／ SPE-8200IC

ステレオ・ポータブル・プレイヤーのスタンダード・モデルとなったビクターのヒット・シリーズ、SPE-8200。プラスチックの大きな蓋を開けるとターンテーブルの両側にスピーカーが付いたこのスタイルで、出た時は人気でしたが、ポータブルにしては大きすぎて場所をとるからなのか、現在は本当に人気がないです。東芝のリズミー・ステレオ版やナショナルのSFシリーズのステレオ版も同系のスタイルですが、やっぱりビクターのシリーズが代表的な気がします。

このシリーズを追っていくと、ちょうど様々な電気製品が、システム的に過渡期に当たっていたことが判るのが面白いところ。真空管式からオール・トランジスタのSOLID STATEに、そして、東西の周波数に対応していく工夫がついていったり、マイナー・チェンジで乗り切っていくところが、かえって時代を刻印している気がします。その8200シリーズでは最初のSPE-8200が圧倒的に後発機よりカッコよいです。

8400は、8200の後期8200ICと周波数併用のシステムは同じで、マイク端子が付き、装丁が豪華になっています。一時代を築いた当時の人気プレイヤーです。

爛熟のポータブル・プレイヤー全盛期

VICTOR PE-8400　サイズ W45／D31／H10

スピーカー	持ち手	電池	AC	78	45	33	Hz	入力	出力	ピッチ	トーン	付属機能	色
S	○	−	○	−	○	○	M	−	○	−	−		赤

VICTOR SPE-8200　サイズ W45／D31／H10

スピーカー	持ち手	電池	AC	78	45	33	Hz	入力	出力	ピッチ	トーン	付属機能	色
S	○	−	○	○	○	○	−	−	−	○	−	−	赤、黒

ステレオ・ポータブル・プレイヤーのスタンダード・モデルと
なったビクターのヒット機種。後発機より圧倒的にカッコよい。

8200Tの改良型で50Hz/60Hz併用になったもの。ダイヤルで変更する過渡期のもの。

VICTOR SPE-8200IC　サイズ　W45／D31／H10

スピーカー	持ち手	電池	AC	78	45	33	Hz	入力	出力	ピッチ	トーン	付属機能	色
S	○	−	○	−	○	○	○	−	−	○	−	−	赤、黒、紺

みんなのアイドル！動物プレイヤー
COLUMBIA SE-8 ／ HITACHI MQ-22

今も昔も人気が高い二大動物プレイヤー、テントウムシとパンダ。特に「テントウムシ」は、人々の記憶に最も強く残っているプレイヤーでしょう。赤いヤツが一般的ですが、緑もあります。黄色もあると聞いたことがありますが、未確認。
パンダの方は、耳が取れてマイクになるのが可愛い！
　プレイヤー部分はテントウムシや、この次に紹介する鍵盤付きプレイヤー「ラララ」と同型です。
ところで、以前、横浜で「日本のポータブル・レコード・プレイヤー展」という展示をやったとき、元コロムビアで、これらのプレイヤーを手掛けてらっしゃったという方が来てくださり、このときゾウも作った記憶があるとおっしゃっていたのですが、私、見たとありません……持ってらっしゃる方、ぜひ見せてくださいー！
テントウムシもパンダも共に、同型のコロムビア版と日立版があります。

爛熟のポータブル・プレイヤー全盛期

COLUMBIA SE-8   サイズ W37／D22／H10

スピーカー	持ち手	電池	AC	78	45	33	Hz	入力	出力	ピッチ	トーン	付属機能	色
M	○	UM1×4	○	−	○	○	−	−	−	−	−	−	赤、緑

うう、この角度、特に生き物っぽくていいっスネ

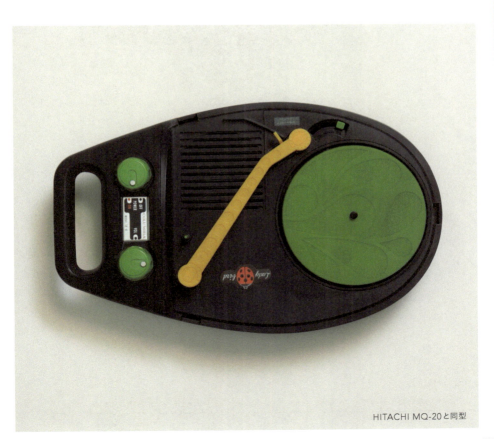

HITACHI MQ-20 と同型

HITACHI MQ-20

スピーカー	持ち手	電池	AC	78	45	33	Hz	入力	出力	ピッチ	トーン	付属機能	色
M	○	UM1×4	○	−	○	○	○	−	−	−	−	−	赤、緑

爛熟のポータブル・プレイヤー全盛期

HITACHI MQ-22　サイズ W31／D24.5／H9

スピーカー	持ち手	電池	AC	78	45	33	Hz	入力	出力	ピッチ	トーン	付属機能	色
M	○	UM2×4	○	−	○	○	M	-	-	-	マイク	白

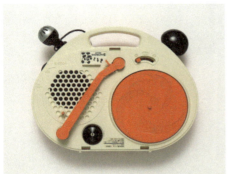

COLUMBIA SE-7M と同型

マイクを外した状態。これでレコードと一緒に歌います

左耳のマイクには本当は、この状態で見たときに
耳らしく見えるように黒いカヴァーが付いています

鍵盤付プレイヤー、ナショナル VS コロムビア
COLUMBIA PO-8R／NATIONAL SO-111／NATIONAL SO-123

こどもたちに大人気だっただろうと思われる鍵盤付きポータブル・レコード・プレイヤー。これは持っていたらだいぶ自慢できたのでは。
何機種か出ていますが、中でも傑作がコロムビアのPO-8、通称「ラララ」。なんと言っても、レコードの音と鍵盤の音とマイクの音を同時に出せるのがポイント。レコードをかけながら、鍵盤弾いて歌えます。デザインの可愛さでも群を抜いています!!

同趣向のナショナルのSO-123、通称「どれみ」は鍵盤かプレイヤー、どちらかしか音が出せないのが惜しい。SO-111は、そのナショナル鍵盤付きの初期型で、鍵盤が本気すぎて楽器感高し。そして、この機種だけは鍵盤の音色が切り替えられるのがポイント。
けっこう当時の価格は高そうですが、リサイクルにはよく出てくるので、意外と売れていたのでは。

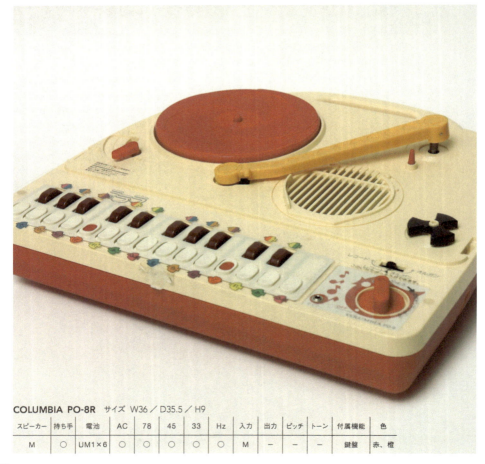

COLUMBIA PO-8R　サイズ W36／D35.5／H9

スピーカー	持ち手	電池	AC	78	45	33	Hz	入力	出力	ピッチ	トーン	付属機能	色
M	○	UM1×6	○	○	○	○	M	−	−	−	鍵盤	赤、橙

爛熟のポータブル・プレイヤー全盛期

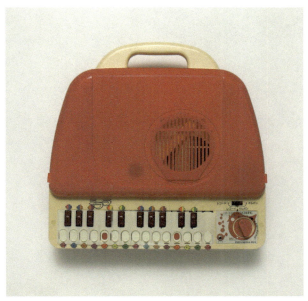

色はオレンジもありました

なぜアームが波打ったデザインなのか　　　　　　　　　ふたをするとトイ・ピアノにしか見えない

NATIONAL SO-111N　サイズ W31／D34／H10.5

スピーカー	持ち手	電池	AC	78	45	33	Hz	入力	出力	ピッチ	トーン	付属機能	色
M	○	UM1×6	○	–	○	○	○	M	–	–	–	鍵盤（二音色）	緑

右に音色の切り替えスイッチが。ドーナツ盤用の
アダプターがターンテーブルに埋め込まれている

爛熟のポータブル・プレイヤー全盛期

NATIONAL SO-123N　サイズ W29／D34／H9

スピーカー	持ち手	電池	AC	78	45	33	Hz	入力	出力	ピッチ	トーン	付属機能	色
M	○	UM1×6	○	−	○	○	M	−	−	−	マイク、鍵盤	赤、黄

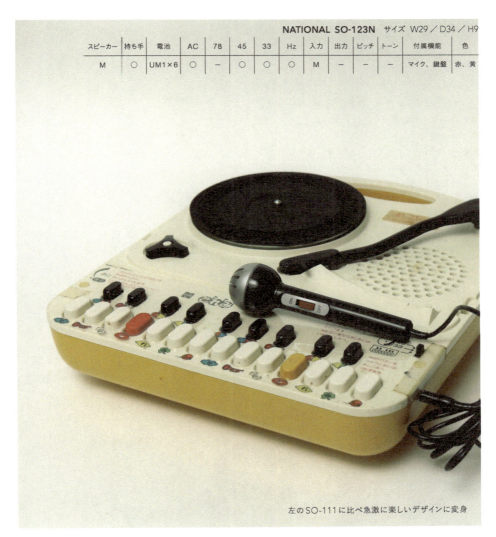

左のSO-111に比べ急激に楽しいデザインに変身

合体ロボ登場
TAYA RPS-1101RDA

ビクターのステレオ・シリーズのような感じかと思って蓋を開けると、驚きの分裂。パズルのようなTAYAのプレイヤー。

スピーカーはどうやってたたむのか、電源はどこにあるのか、など、最初は本当に混乱させられました。いちいちとんち効かせてくれるニクい奴。このタイプで、ラジオ部分も充実。短波まで入ります。オートストップ機能が付いていたり、いたれりつくせりで、このおしゃれなルックス。大柄かと思ったら、使う時は分裂してくれるので場所も取らなくて、意外と使い勝手のいいプレイヤーです。

TAYA RPS-1101RDA　サイズ　W52／D30／H11

スピーカー	持ち手	電池	AC	78	45	33	Hz	入力	出力	ピッチ	トーン	付属機能	色
S	○	UM1×6	△	○	○	○	−	−	−	−	ラジオ（3バンド）	青

爛熟のポータブル・プレイヤー全盛期

たたまれた状態。スピーカーはヘリに引っかかっているだけ

ふたをすると大型のステレオかと思ってしまう

ふたを固定するレバーが4ヶ所も付いている。用心深い

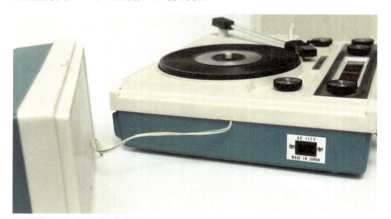

AC電源はスピーカーを外した裏!!

スピーカー・コードはテキトーに穴の中へ

爛熟のポータブル・プレイヤー全盛期

たたまれていたアンテナを立てたところ。
つまみの多さが男の子の興味を引きまくる

むき出しのオールマイティ
VICTOR PK-2

オリジナル・アイディア満載のオールマイティなポータブルの快作。まるで、その機能をテーブルにそのまま並べてみたようなデザインが凄い迫力。
むき出しのカセット、ラジオのダイアルの斬新さ、ターンテーブルにアダプターが浮き出る仕組み、そして弾薬庫のような電池の収納部まで、見事なオリジナリティで楽しませてくれる逸品です。

爛熟のポータブル・プレイヤー全盛期

VICTOR PK-2　サイズ W45／D27.5／H8

スピーカー	持ち手	電池	AC	78	45	33	Hz	入力	出力	ピッチ	トーン	付属機能	色
M	○	UM1×4	○	−	○	○	○	M	−	−	−	ラジオ、カセット、マイク	赤、黒

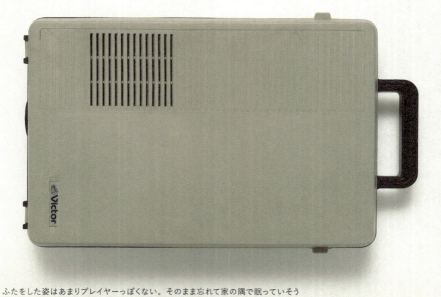

ふたをした姿はあまりプレイヤーっぽくない。そのまま忘れて家の隅で眠っていそう

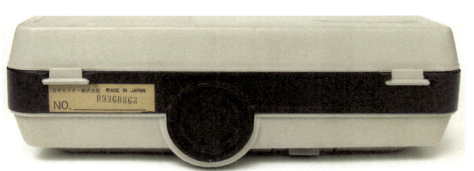

この真ん中の丸いところが電池収納庫

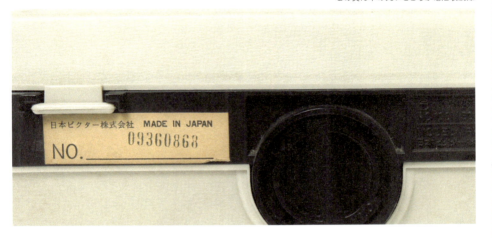

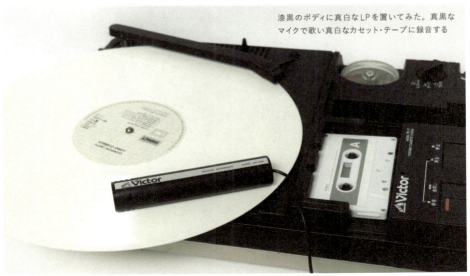

漆黒のボディに真白なLPを置いてみた。真黒なマイクで歌い真白なカセット・テープに録音する

挟む、という未来
LO-D HT-03

たて長でLPを挟み込んでプレイするハンバーガーのようなレコード・プレイヤー、通称サウンド・バーガー。明らかにポータブルですが、スピーカーが無く、外部出力のみというのが惜しいところ。レコードのはみ出しっぷりが不安になるカッコいいプレイヤーで、発売当時から話題になっていました。
SABAのMcDISCは明らかにサウンド・バーガーのパチモン。おもちゃ感ではバーガーより上ですが、なんかちゃちで面白いです。当時ソニーもこれの縦型を出していました。
しかし、このレコードを挟むタイプのプレイヤーという発想はだいぶ古く、ポータブルの最初期にナショナルがベビー電蓄という、サウンド・バーガーよりだいぶ小さい形ですでに作っています。
最近もこのサウンド・バーガー・タイプは作られていますが、これに関しては苦々しい思い出があり……。

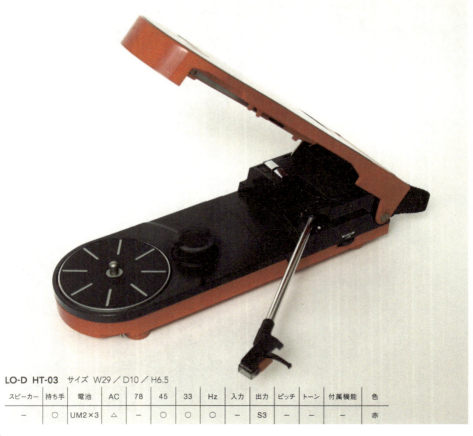

LO-D HT-03 サイズ W29／D10／H6.5

スピーカー	持ち手	電池	AC	78	45	33	Hz	入力	出力	ピッチ	トーン	付属機能	色
-	○	UM2×3	△	-	○	○	○	-	S3	-	-	-	赤

爛熟のポータブル・プレイヤー全盛期

レコードを挟んで……　　　　　　　　　　　ふたをします

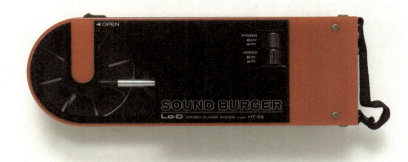

全てを収納した状態からは、とてもLPが
かけられるとは思えない

P.085

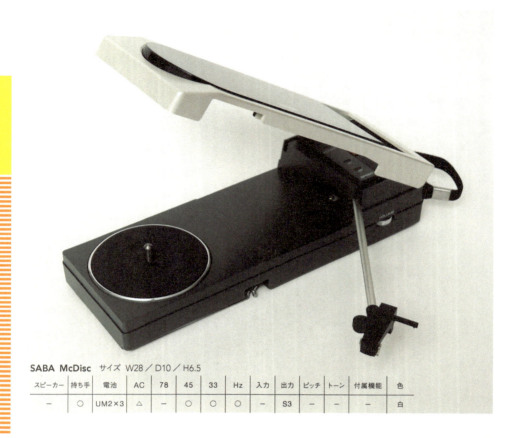

SABA McDisc サイズ W28／D10／H6.5

スピーカー	持ち手	電池	AC	78	45	33	Hz	入力	出力	ピッチ	トーン	付属機能	色
−	○	UM2×3	△	−	○	○	○	−	S3	−	−	−	白

レコードをかけた状態はヘンてこな
未来感がある気がします

爛熟のポータブル・プレイヤー全盛期

スイッチの安い配色が逆に魅力的

トランク型プレイヤーの傑作
ARC MODEL No.6100

トランクのような大きなカバンを開けると、そこはプレイヤー。そのほとんどは蓋がスピーカーになっていて、カセットなどが付いていたり、入出力が充実していたりして、学校や公民館などで備品として使われることが多かったようです。

このARCのプレイヤーは、トランク型と言いつつ、ここまで本当にトランクに見えるのはすごい。あちこちに小さな忍者屋敷のような仕掛けがある驚きの逸品。その姿はまるでスパイ・セット！

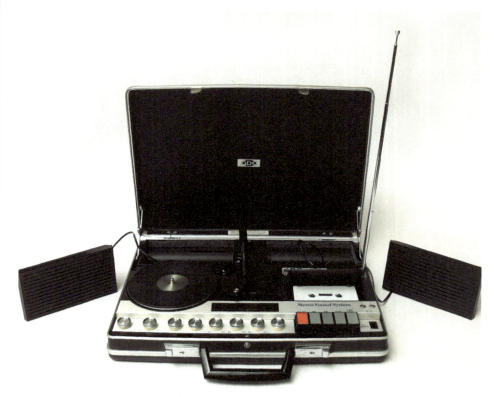

ARC MODEL No.6100　サイズ W41／D32／H7

スピーカー	持ち手	電池	AC	78	45	33	Hz	入力	出力	ピッチ	トーン	付属機能	色
S	○	UM1×4	△	○	○	○		S	S	−	○	ラジオ（3バンド）、カセット、マイク	黒

爛熟のポータブル・プレイヤー全盛期

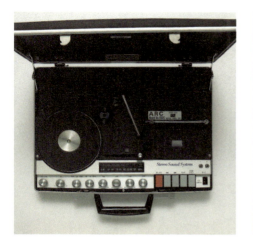

ふたをすると完全に
トランクにしか見えない

全部出した状態!!　ドヒャー!!

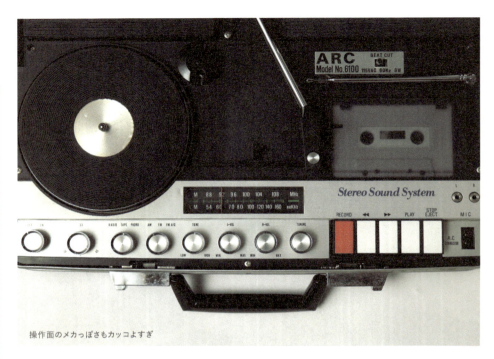

操作面のメカっぽさもカッコよすぎ

爛熟のポータブル・プレイヤー全盛期

あちこちにトラップのような収納庫が

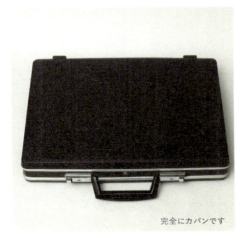

完全にカバンです

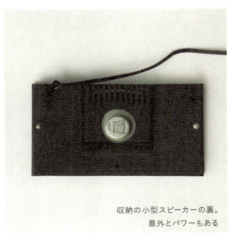

収納の小型スピーカーの裏。
意外とパワーもある

COLUMBIA G-P1

お子様向け多機能の80年代らしいモデル。通称コンピ。左下の端子からテレビの音がラインで録音できるというのがウリだった。テレビのスピーカー前で家族を黙らせてラジカセで番組を録音した時代を、思い出さずにはいられない……。デザインのおもちゃ感が実に時代でいいですね。

サイズ W40.5／D27／H10.5

スピーカー	持ち手	電池	AC	78	45	33	Hz	入力	出力	ピッチ	トーン	付属機能	色
M	○	UM1×6	○	−	○	○	○	M2	−	−	−	ラジオ、カセット	黄

爛熟のポータブル・プレイヤー全盛期

本当にボロボロだった物をなんとか復旧しました

COLUMBIA G-P20

コロムビアの準トランク型の初期でしょうか。このサイズの他のシリーズと比べてデザインが原始的で大柄。古いタイプの物ですが精一杯頑張ってくれそうな感じ。このタイプはポータブルでありながらオーディオでもある気がします。

サイズ W40.5 ／ D39.5 ／ H16

スピーカー	持ち手	電池	AC	78	45	33	Hz	入力	出力	ピッチ	トーン	付属機能	色
S	○	−	○	○	○	○	○	M	M,S	○	○	カセット	黒

爛熟のポータブル・プレイヤー全盛期

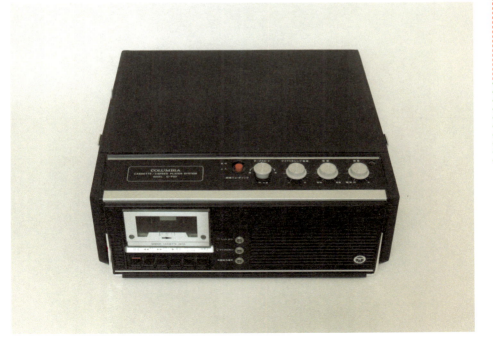

COLUMBIA GP-22

コロムビアのGPシリーズは本当に使いやすい。音もクセが少ないし。このスピーカーがフロントにあるコンパクトな準トランク型もかなり売れたタイプ。公民館や学校で大活躍。後にはCDが搭載されたタイプも出ているロング・ヒット作です。

サイズ W38／D41／H16

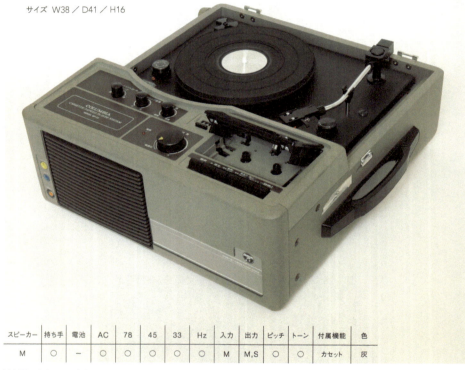

スピーカー	持ち手	電池	AC	78	45	33	Hz	入力	出力	ピッチ	トーン	付属機能	色
M	○	−	○	○	○	○	○	M	M,S	○	○	カセット	灰

持ち運ぶときはこの向き

使うとき用と運ぶとき用の足がそれぞれついている

爛熟のポータブル・プレイヤー全盛期

CD付きのものは右がトレーになっています

COLUMBIA　MODEL 238M

デザインがとにかく美しい。機能なんてないのになぜかシステム感がある秀逸なフォルム。左前のマイク・スタンドもおしゃれ。

サイズ　W46.5／D33.5／H12

スピーカー	持ち手	電池	AC	78	45	33	Hz	入力	出力	ピッチ	トーン	付属機能	色
S	○	-	○	-	○	○	-	M	-	-	-	-	赤、橙

爛熟のポータブル・プレイヤー全盛期

奥はマイクの収納庫

このスケルトンのカヴァーがシャレてます

COLUMBIA MODEL 208

大ヒットした248と同系統の前の機種だけど、デザインは
こっちのほうがソリッドでラジカセっぽくてカッコいい。

サイズ W31.5／D22／H9

スピーカー	持ち手	電池	AC	78	45	33	Hz	入力	出力	ピッチ	トーン	付属機能	色
M	○	UM1×6	○	−	○	○	○	−	S	−	−	ラジオ	黒

爛熟のポータブル・プレイヤー全盛期

COLUMBIA MODEL 248

コロムビアのヒット・プレイヤー、ラジオ付のポータブル。目立った特徴はないですが、とにかく「ちょうどいい」感じはその後のコロムビアのプレイヤーでも言える味。

サイズ W31.5／D22／H9

スピーカー	持ち手	電池	AC	78	45	33	Hz	入力	出力	ピッチ	トーン	付属機能	色
M	○	UM1×6	○	−	○	○	○	−	S	−	−	ラジオ	赤、茶、黒

爛熟のポータブル・プレイヤー全盛期

これはちょっと珍しい色。他に赤と黒もあります

COLUMBIA 2190RM

フロントが全面スピーカーのタイプで、ターンテーブル部分の衝撃吸収サスペンションが本格的。トランク型とポータブルの中間くらいの半端さが愛しいです。
GPシリーズの同型のもののような多機能ではなく、ガッツリレコードを聴こうって気にさせるのがポータブルとしては珍しい。
進化の流れとしては2190RM→G-P20→GP-22という感じでしょうか。

サイズ W37／D37／H15

スピーカー	持ち手	電池	AC	78	45	33	Hz	入力	出力	ピッチ	トーン	付属機能	色
M	○	-	○	-	○	○	○	M	S	-	○	-	黒

爛熟のポータブル・プレイヤー全盛期

P.105

CROWN GTX-4000

ふたが二つに割れてステレオ・スピーカーになるトランク型タイプで、この大きさとルックスで電池駆動もできる。カセットの取り出しが激しくて驚きます。皮っぽい外見もGood！

サイズ W46／D33／H15

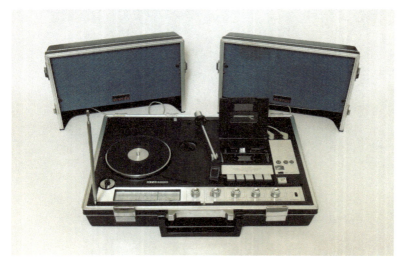

閉じたところ。けっこうゴツいトランクです

爛熟のポータブル・プレイヤー全盛期

スピーカー	持ち手	電池	AC	78	45	33	Hz	入力	出力	ピッチ	トーン	付属機能	色
S	○	UM1×6	○	○	○	○	○	S	S	−	○	ラジオ（3バンド）、カセット	黒トランク

CROWN GTX-5000

ふたが二つに割れてステレオ・スピーカーになるトランク型ポータブル。GTX-4000より機能も高級感も落ちた気がするが……。

サイズ W48／D33／H16.5

スピーカー	持ち手	電池	AC	78	45	33	Hz	入力	出力	ピッチ	トーン	付属機能	色
S	⊃	UM1×6	○	○	○	○	○	S	S	−	○	ラジオ（3バンド）、カセット	黒トランク

CROWN TRP-124W

珍しい縦長渚型プレイヤー。このフォルムでラジオまで付いている。裏の巨大な電池パックに、コロムビアのマイクが収納されていたのですが、入力端子は無し…。そしてこのドーナツ盤用のアダプターが、驚きの手裏剣型。謎が深まる迷機。

サイズ W36 ／ D16 ／ H7.5

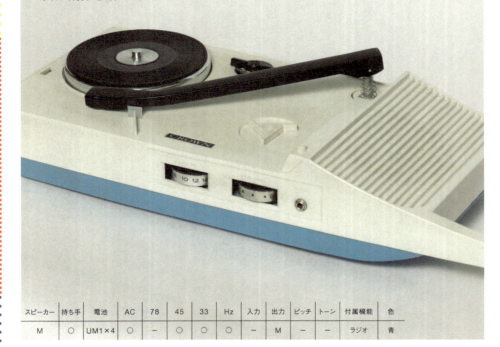

スピーカー	持ち手	電池	AC	78	45	33	Hz	入力	出力	ピッチ	トーン	付属機能	色
M	○	UM1×4	○	–	○	○	○	–	M	–	–	ラジオ	青

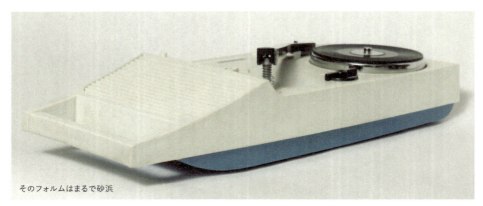

そのフォルムはまるで砂浜

驚きの手裏剣型アダプター。
たしかに機能はこれで充分

ドーナツ盤を載せてみたところ

HITACHI　DPA-280

日立の初期ステレオ。東芝のリズミー・シリーズに近い、
真空管の時代らしい重さを感じるモデル。

サイズ　W45／D29／H11

スピーカー	持ち手	電池	AC	78	45	33	Hz	入力	出力	ピッチ	トーン	付属機能	色
S	○	−	○	TO	○	○	○	−	−	−	−	−	赤

爛熟のポータブル・プレイヤー全盛期

HITACHI DPQ-600

無駄のないシンプルなフォルムと機能。ポータブルらしい
ポータブル。電池駆動メインの作り。

サイズ W30 ／ D26.5 ／ H8

スピーカー	持ち手	電池	AC	78	45	33	Hz	入力	出力	ピッチ	トーン	付属機能	色
M	○	UM1×6	△	−	○	○	○	−	−	−	−	−	黒

爛熟のポータブル・プレイヤー全盛期

LUCKY KP-747F

台湾のメーカーが作ったかっこいいポータブル・プレイヤー。この本は基本的に日本のものを載せているのですが、この台湾のプレイヤーを載せたのは、このプレイヤーが、恐らく日本向けに作られているから。大きなポイントは台湾にはない電源周波数に対応させているということ。
サンヨーのデザイン・センスに通じるものがありますが、やはりちょっと雰囲気が違う。台湾らしいヒップさが魅力。

サイズ W29 ／ D24 ／ H8

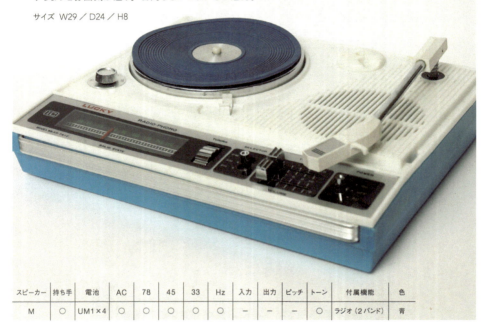

スピーカー	持ち手	電池	AC	78	45	33	Hz	入力	出力	ピッチ	トーン	付属機能	色
M	○	UM1×4	○	○	○	○	○	−	−	−	○	ラジオ（2バンド）	青

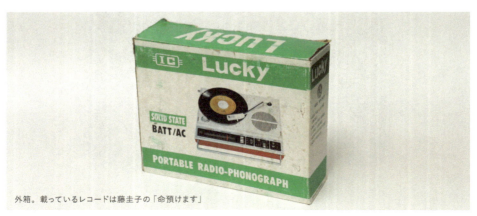

外箱。載っているレコードは藤圭子の「命預けます」

爛熟のポータブル・プレイヤー全盛期

カヴァーをして収納されていた持ち手を引き出したところ

MITSUBISHI RP-910

通称ミュージカエース。新品デットストックを入手。とてもキレイですが、まったく動かしていないプレイヤーはポンコツ同然。プレイヤー音出ず。ルックスはナイスだけど。アームのホルダーの工夫が独特。

サイズ W31 ／ D21 ／ H9.5

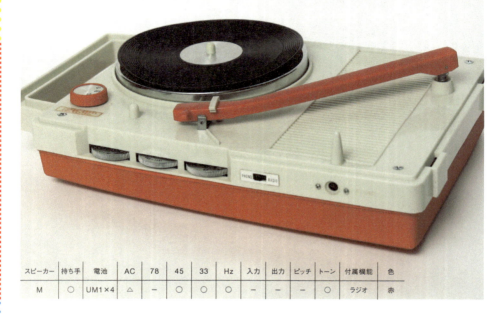

スピーカー	持ち手	電池	AC	78	45	33	Hz	入力	出力	ピッチ	トーン	付属機能	色
M	◯	UM1×4	△	−	◯	◯	◯	−	−	−	◯	ラジオ	赤

爛熟のポータブル・プレイヤー全盛期

ソノシートをかけるときに下に敷くオリジナル・シート

このルックスでラジオも聴けるのは意外

NATIONAL FG-521

ナショナル最初期ステレオ・ポータブル。音激太!! 前所持者は1965年12月購入とのこと。裏にマジックで書いてありました。

サイズ W40 / D24 / H10.5

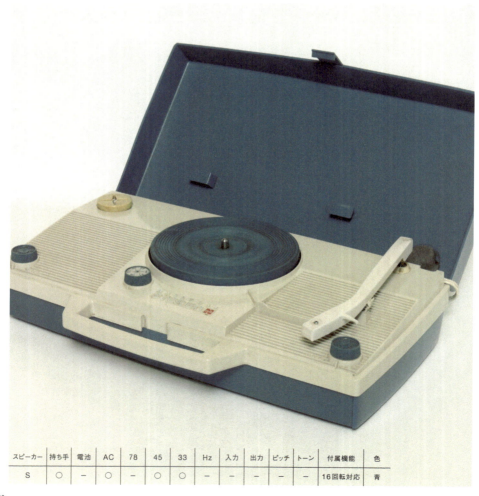

スピーカー	持ち手	電池	AC	78	45	33	Hz	入力	出力	ピッチ	トーン	付属機能	色
S	○	−	○	−	○	○	−	−	−	−	−	16回転対応	青

爛熟のポータブル・プレイヤー全盛期

P.121

NATIONAL SF-157N

迷彩柄かと一瞬思わせる卓上ポータブル…というか、もうポータブルとは言えない限界値がここに。初期ポータブルの卓上型が発展した先にあるステレオで、スピーカーはあるものの、存在としてはコンポ前夜、ラジカセへの迎合が感じられる。

サイズ W54.5／D29／H15.5

前面の操作面は戦車のよう

燗熟のポータブル・プレイヤー全盛期

スピーカー	持ち手	電池	AC	78	45	33	Hz	入力	出力	ピッチ	トーン	付属機能	色
S	−	−	○	−	○	○	○	−	S	−	○	ラジオ、ワイド・コントロール	濃緑

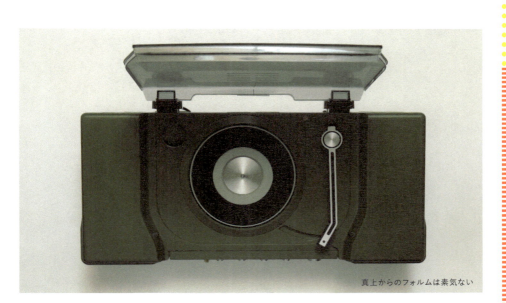

真上からのフォルムは素気ない

NATIONAL SF-338

これはズルイ!! ステレオの顔したモノラル。右側デザインだけで
スピーカーじゃない。
東芝のリズミー・シリーズに刺激されて作ったのか、ルックスだけは
その気なのにそりゃないよね。それでも「ステレオ」って気分に酔え
ちゃった時代の産物。

サイズ W45 ／ D30.5 ／ H10

スピーカー	持ち手	電池	AC	78	45	33	Hz	入力	出力	ピッチ	トーン	付属機能	色
M	○	-	○	-	○	○	-	-	M	○	-	-	橙

爛熟のポータブル・プレイヤー全盛期

NATIONAL SF-345

とはいえやっぱり338で苦情が来たんでしょうか、SF-338がなんちゃってステレオだったものを同じデザインで本当にステレオにしたもの。

サイズ W45／D30.5／H10

スピーカー	持ち手	電池	AC	78	45	33	Hz	入力	出力	ピッチ	トーン	付属機能	色
S	○	−	○	−	○	○	−	−	S	○	−	−	青

爛熟のポータブル・プレイヤー全盛期

NATIONAL SF-340

この大きさでLPもかかるすぐれもの。この小ささで単一電池4コ収納。裏に小さいイヤフォン収納所があるのが可愛い。

サイズ W31.5／D15.5／H7

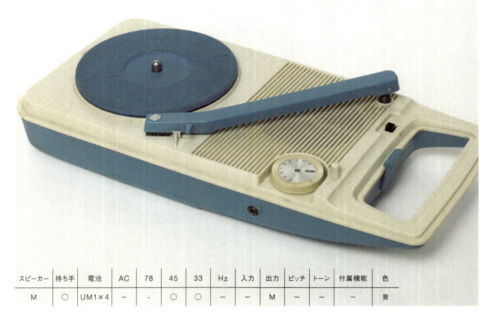

スピーカー	持ち手	電池	AC	78	45	33	Hz	入力	出力	ピッチ	トーン	付属機能	色
M	○	UM1×4	−	−	○	○	−	−	M	−	−	−	青

上がイヤフォン・ケース、下が電池ケース

爛熟のポータブル・プレイヤー全盛期

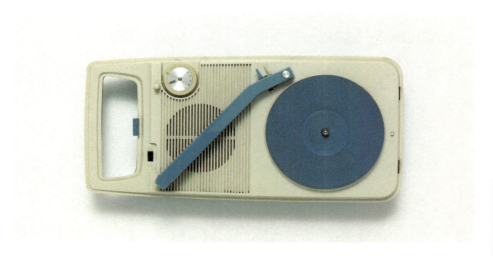

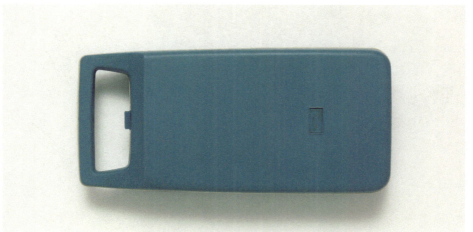

小さくEARPHONEの文字、見えるかな?

NATIONAL SF-360

ナショナルの初期ポータブル。金属の取っ手が渋い！！
真空管使用で音も太くて最高です！！ 各サイズ対応の
オート・ストップ機能付。

サイズ W31 ／ D24 ／ H10

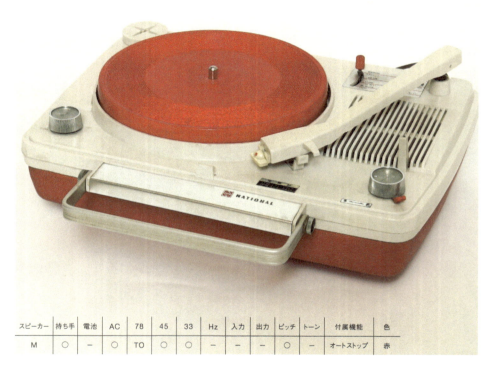

スピーカー	持ち手	電池	AC	78	45	33	Hz	入力	出力	ピッチ	トーン	付属機能	色
M	○	–	○	TO	○	○	–	–	–	○	–	オートストップ	赤

オートストップのスイッチ

爛熟のポータブル・プレイヤー全盛期

NATIONAL SF-560

通商ピクニーメイト。小さいボディで奇抜な形でもなく、LPのかかるぎりぎりの大きさながらこの自然体は見事。音も気持ちよく、ラジオも聞ける。かまぼこ型のフロントのフェーダー、チューナーのデザインや、色合いの愛らしさなど、パートナーとして考えたら完璧なプレイヤー！

サイズ W24.5／D19.5／H7.5

スピーカー	持ち手	電池	AC	78	45	33	Hz	入力	出力	ピッチ	トーン	付属機能	色
M	○	UM2×6	△	−	○	○	○	−	M	−	−	ラジオ	赤、黒

持ち手にイヤホン・ケースが付いてました

P.133

NATIONAL SG-200N

バーガータイプの変形。ナショナルの大冒険プレイヤー。ルックスから何からギミックだらけ。針が蓋の裏に付いていて、最初に盤の大きさを設定してかけるのですが、途中から聞くことができないので、最初から最後まで聞くしかないという不便さにグッときます。針が軽すぎるのを盤上に固定する仕掛けが磁石だったり、意外なアイディア満載。トイ感覚炸裂の面白プレイヤー。

サイズ W34／D25／H9.5

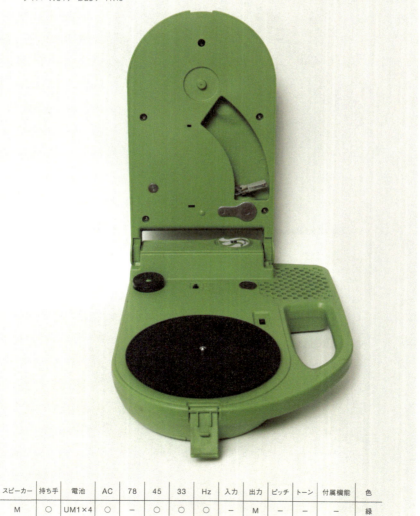

スピーカー	持ち手	電池	AC	78	45	33	Hz	入力	出力	ピッチ	トーン	付属機能	色
M	○	UM1×4	○	−	○	○	○	−	M	−	−	−	緑

NATIONAL　SG-502N

大胆なルックス。老人用かってくらいに文字が大きく単純な作りで、独特のダサさが魅力。ポップで大柄なこの感じは子供がプレゼントされたら嬉しがったのでは。自分では選ばないけれど人のためには選びそうなプレイヤー。

サイズ　W45／D27／H9

爛熟のポータブル・プレイヤー全盛期

スピーカー	持ち手	電池	AC	78	45	33	Hz	入力	出力	ピッチ	トーン	付属機能	色
M	○	UM1×4	○	−	○	○	M	M	−	−	ラジオ	赤

NATIONAL SG-503N

死ぬほどカワイイ。キッズ向けプレイヤーでしかありえない品。ターンテーブルのデザインがおもちゃ感満点！！
ふたをしめてもスピーカー穴があるデザインもいいです。
まぁ閉めたらかけられないけど。

サイズ　W29／D25／H10

スピーカー	持ち手	電池	AC	78	45	33	Hz	入力	出力	ピッチ	トーン	付属機能	色
M	○	−	○	−	○	○	−	M	M	○	−	−	赤

爛熟のポータブル・プレイヤー全盛期

ふたを閉めたところ。透明カヴァー

NATIONAL SG-558N

ナショナルの電池対応初期モデル。自社電池を使ってほしい旨の宣伝付き。ラジオのダイヤルが中心に据えられたワンポイント・デザインがなかなかクール！

サイズ W26.5 / D24 / H8

スピーカー	持ち手	電池	AC	78	45	33	Hz	入力	出力	ピッチ	トーン	付属機能	色
M	○	UM1×4	○	−	○	○	○	M	−	−	−	ラジオ	赤

スイッチ、フェーダー、ジャックと他の機能は、側面に集中

爛熟のポータブル・プレイヤー全盛期

カヴァーがシャレてます

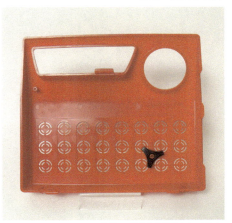

カヴァーを裏から見てもカッコいい

NATIONAL SF-565

機能的には名機SF-560と同形ですが、それをすこし大雑把に使いやすくした印象の後継機。ソリッドステイトが売りの新時代のフォルムを打ち出した都会的なプレイヤー。

サイズ W26.5／D24.5／H26.7

スピーカー	持ち手	電池	AC	78	45	33	Hz	入力	出力	ピッチ	トーン	付属機能	色
M	○	UM1×4	△	−	○	○	−	M	−	−	ラジオ	赤

爛熟のポータブル・プレイヤー全盛期

P.143

NATIONAL SG-J500

完全にコンポですが、どういう訳か取っ手が付いているし、電池駆動もあり……ということはポータブルの条件をクリアしているんですが、どうも釈然としないのはやはりこのルックス……。

サイズ W39.5 ／ D20.5 ／ H27

スピーカー	持ち手	電池	AC	78	45	33	Hz	入力	出力	ピッチ	トーン	付属機能	色
S	○	UM1×8	△	−	○	○	○	M	S	−	○	ラジオ（2バンド）、カセット	銀

爛熟のポータブル・プレイヤー全盛期

SANYO PG-6

ポータブルで他社モデルとは一味違う高級感がそそられる
サンヨーの叩き上げなベンチャー魂を感じる機種。

サイズ W29.5／D33.5／H13

スピーカー	持ち手	電池	AC	78	45	33	Hz	入力	出力	ピッチ	トーン	付属機能	色
M	○	−	○	TO	○	○	−	−	−	○	−	−	えんじ

爛熟のポータブル・プレイヤー全盛期

ボロボロです。古物屋で発掘しました

SANYO PG-28W

最初期ステレオ・ポータブル、通称ぽーたグラフ。もちろん真空管。えーと、スピーカーはどこに……と思ったらふたの裏!! 目の前でした。レコードと一対一で聞くのが基本の古きよき時代。

サイズ W40.5／D22／H16

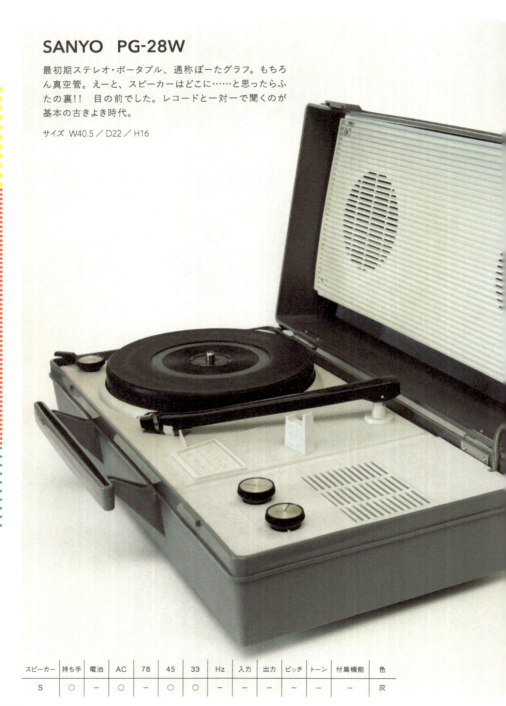

スピーカー	持ち手	電池	AC	78	45	33	Hz	入力	出力	ピッチ	トーン	付属機能	色
S	○	−	○	−	○	○	−	−	−	−	−	−	灰

爛熟のポータブル・プレイヤー全盛期

P.149

SANYO PG-10W

フロントにスピーカーがあるのは、初期の家具調プレイヤーの流れで、それがプラスチック化したもの。その軽さを覆い隠すためなのか、大仰なデザインがロゴと相まってまるで神殿。

サイズ W43 ／ D25 ／ H18.5

スピーカー	持ち手	電池	AC	78	45	33	Hz	入力	出力	ピッチ	トーン	付属機能	色
S	−	−	○	○	○	○	−	−	−	○	−	−	赤

爛熟のポータブル・プレイヤー全盛期

SANYO PG-15

これは本当に珍しい、ほとんど三角形のプレイヤー。かるくおにぎりっぽいのは他社にもありますが、ここまで三角なのはすごい。こんなルックスだけど機能から見てもだいぶ古い60年代のモデルと思われます。

サイズ W27.5 ／ D29 ／ H9

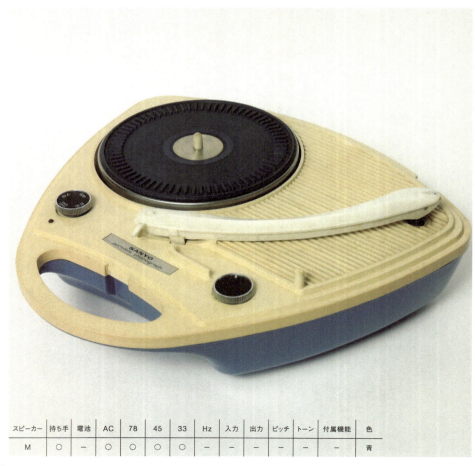

スピーカー	持ち手	電池	AC	78	45	33	Hz	入力	出力	ピッチ	トーン	付属機能	色
M	○	—	○	○	○	○	—	—	—	—	—	—	青

爛熟のポータブル・プレイヤー全盛期

P.153

SANYO PG-17

カヴァーの変形具合にグッとくる、サンヨーらしいギミック・デザインの通称Vセブン。使いやすさと音の細さがいかにもポータブル。しかし、それにしてもなキンキンした音は、癪に障る方も多かったのでは。ACコンセントの収納ケースが小さすぎてしまうのがかなり難しかったり、言うことは聞くんだけど、馴染みにくいプレイヤー。

サイズ W29.5 ／ D17.5 ／ H8.5

爛熟のポータブル・プレイヤー全盛期

スピーカー	持ち手	電池	AC	78	45	33	Hz	入力	出力	ピッチ	トーン	付属機能	色
M	○	UM1×6	○	–	○	○	○	–	–	–	–	–	赤

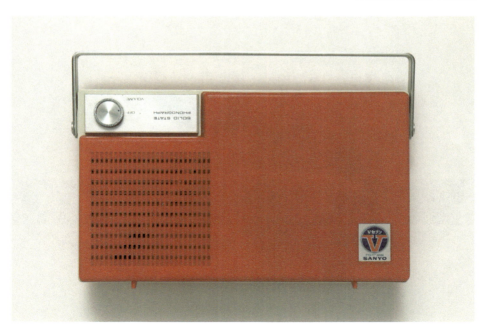

SANYO PG-R8

面を広く取った独特のデザイン。余裕があります。上からの表情とサイドの表情が全然違うのが魅力。スイッチ、フェーダー、ダイヤルの3種の操作面も楽しい。

サイズ W30／D28／H9

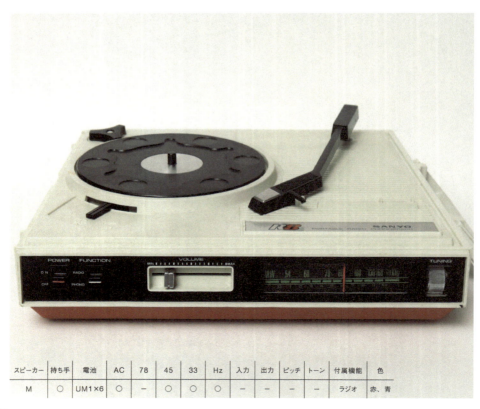

スピーカー	持ち手	電池	AC	78	45	33	Hz	入力	出力	ピッチ	トーン	付属機能	色
M	○	UM1×6	○	−	○	○	○	−	−	−	−	ラジオ	赤、青

爛熟のポータブル・プレイヤー全盛期

SANYO PG-R9

とにかく四角い直線美のフォルムが本当に個性的な面白プレイヤー。ラジオのチューニング・メーターが大きくてコックピット感を演出。ボリュームもフェーダーだし、ラジオ、レコードの切替えや電源もボタンなのは珍しいです。持ち手もナイス。

サイズ W38 / D23 / H8

爛熟のポータブル・プレイヤー全盛期

スピーカー	持ち手	電池	AC	78	45	33	Hz	入力	出力	ピッチ	トーン	付属機能	色
M	○	UM1×6	○	–	○	○	○	M	–	–	–	ラジオ	橙

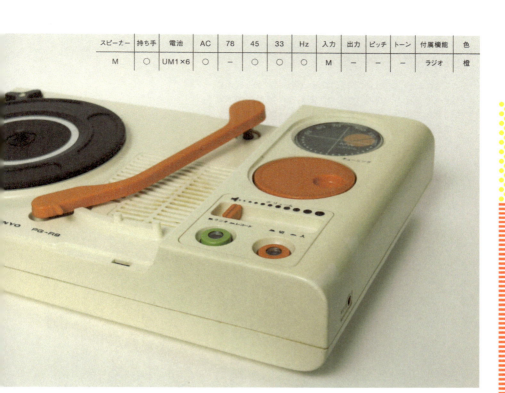

SHARP RP-650

古くさいフォルムのはずなのに無駄の無さ故におしゃれにも見えるシャープ初期ステレオ。真空管の豊かな音が前面と上部両方から出て、箱全体が鳴っているような、かなり個性的な音にびっくりします。

サイズ W34 ／ D25 ／ H10.5

スピーカー	持ち手	電池	AC	78	45	33	Hz	入力	出力	ピッチ	トーン	付属機能	色
S	○	−	○	−	○	○	−	−	−	−	−	−	赤、青

爛熟のポータブル・プレイヤー全盛期

P.161

SHARP RP-670J

全てむき出しという大胆極まりないデザインが斬新すぎ。心配なくらいのアームのストレートっぷりと収納の意外なムダのなさ。アダプターは電池パック内に収納。目のつけ所が確かにシャープ。

サイズ W28.5／D24／H8.5

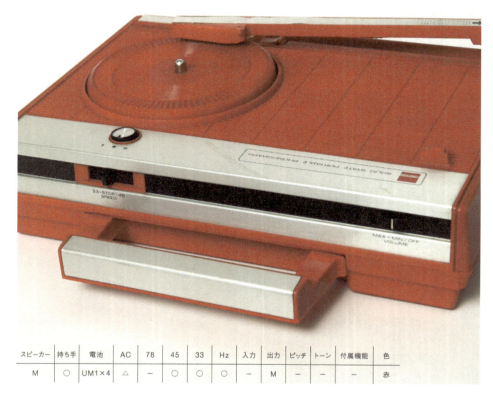

スピーカー	持ち手	電池	AC	78	45	33	Hz	入力	出力	ピッチ	トーン	付属機能	色
M	○	UM1×4	△	−	○	○	−	M	−	−	−		赤

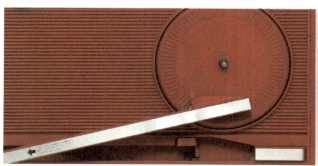

爛熟のポータブル・プレイヤー全盛期

レコードをかけてみた。やっぱりまっすぐすぎるアームが不安

SHARP　VZ-V2

でかい！！　とにかくでかい！！　取っ手が付いているのが挑戦的に思えるほど重い、度を越した「ポータブル」。たて型両面プレイ可能のプレイヤーは数ありますが、この大きさでポータブルを主張するのが凄い。レコード・プレイヤーというよりこれはラジカセの亜種ですね。使いません。

サイズ　W71／D18／H46

スピーカー	持ち手	電池	AC	78	45	33	Hz	入力	出力	ピッチ	トーン	付属機能	色
S	○	UM1×8	○	−	○	○	○	S	S	−	○	ラジオ（2バンド）、カセット	銀

TAKT ST-28M

ポータブルで高級感においては右に出る者のないタクトの名器。ウッディな作り、アームのフォルム、そしてこのツマミ!! 見事と言う他なし!!

サイズ W48 ／ D28 ／ H11

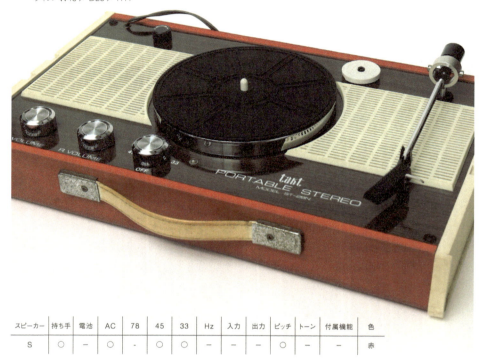

スピーカー	持ち手	電池	AC	78	45	33	Hz	入力	出力	ピッチ	トーン	付属機能	色
S	○	−	○	-	○	○	−	−	−	○	−	−	赤

このアームのフォルムは、安いはずなのに、まるで高級オーディオ

爛熟のポータブル・プレイヤー全盛期

つまみもいちいち重厚

TAKT　TP-36

人気のTPシリーズの後発で、対象が子供向けになったもの。アームもターンテーブルもデザインは同じですが、材質が安くなった。音量つまみが外部に移動。デザインも機能もちょうどよかったのか、人気のあったプレイヤー。

サイズ　W32／D25.5／H10

スピーカー	持ち手	電池	AC	78	45	33	Hz	入力	出力	ピッチ	トーン	付属機能	色
M	○	−	○	−	○	○	−	M	−	−	−		赤

爛熟のポータブル・プレイヤー全盛期

TAKT TP-51R

ふたをしめたときの超大胆な砂浜のようなフォルムと波打ち際を貫く銀のアームがカッコよすぎ！ タクト後期の冒険的なモデル！

サイズ W33／D8.5／H7

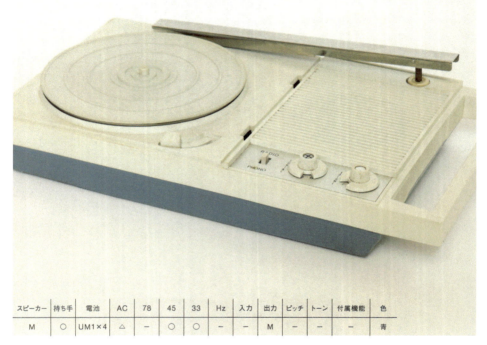

スピーカー	持ち手	電池	AC	78	45	33	Hz	入力	出力	ピッチ	トーン	付属機能	色
M	○	UM1×4	△	−	○	○	−	−	M	−	−	−	青

ダイヤルのデザインも奇抜

爛熟のポータブル・プレイヤー全盛期

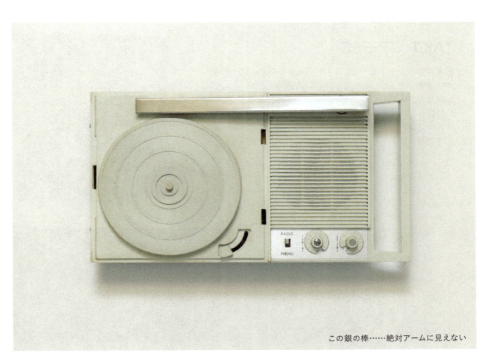

この銀の棒……絶対アームに見えない

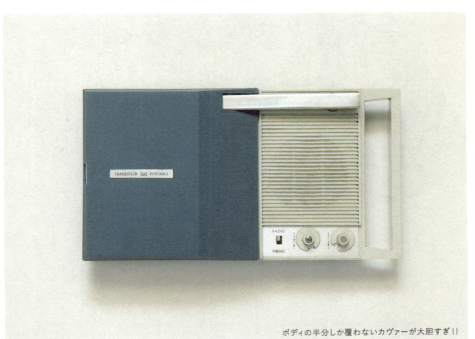

ボディの半分しか覆わないカヴァーが大胆すぎ！！

TAKT　TP-555

完全に無駄を廃し切った、レコードを聞くのに必要な機能のみが残ったような味もそっけもない優等生。シックなのに貧乏くさいのも面白くないのだけれども、なにせSPにも対応していて、ピッチもトーンも調整できておまけにステレオ。レコードを聞く、ということだけを考えたらおよそ完璧なプレイヤー。ナガオカに同型のプレイヤーあり。

サイズ　W49／D30／H12

スピーカー	持ち手	電池	AC	78	45	33	Hz	入力	出力	ピッチ	トーン	付属機能	色
S	○	−	○	○	○	○	○	−	S	○	○	−	木目

爛熟のポータブル・プレイヤー全盛期

TAYA PSD-201

スピーカー部分が軽く前に傾斜していていたり、左右のヴォリュームがフェーダーっぽく縦型だったり、テーブル部分が腰高だったり、いちいちちょっとだけオトナな感じ。TAYAのプレイヤーは数は少ないですが、中身が濃い。

サイズ　W40／D25／H10

スピーカー	持ち手	電池	AC	78	45	33	Hz	入力	出力	ピッチ	トーン	付属機能	色
S	○	UM1×6	△	TO	○	○	○	−	−	−	−	−	青

爛熟のポータブル・プレイヤー全盛期

TOA RP-15W

ふたが丸ごとスピーカーになっている大型のトランク型。本体とスピーカーをつなぐ蝶番がなんと導線になっている見たことのない工夫がある割に機能が少ない。このTOAという会社、催事の音響を担当する会社のようですが、そう言われると妙に納得。

サイズ W48／D33／H18

スピーカー	持ち手	電池	AC	78	45	33	Hz	入力	出力	ピッチ	トーン	付属機能	色
M	○	−	○	−	○	○		M	M3	○	○	−	乳白

爛熟のポータブル・プレイヤー全盛期

この蝶番が実はスピーカーへの導線

こうすると、レコードをかける人はスピーカーの裏にいることになります。
つまり、かける人は聞く人ではないので、「催事の音響」というのがしっくりきます

TOSHIBA　GP-31DA

持ち手の大きいハンディ感の強調されたタイプ。壁の向こうで鳴ってる感じの妙な音がまた個性的。操作面が持ち手の内側にあるのって、使い勝手としてどうなのか。

サイズ　W36.5／D20.5／H8.5

スピーカー	持ち手	電池	AC	78	45	33	Hz	入力	出力	ピッチ	トーン	付属機能	色
M	○	UM1×4	○	−	○	○	○	−	M	−	−	ラジオ	赤、黒

爛熟のポータブル・プレイヤー全盛期

TOSHIBA GP-36

東芝の持ち手の強調されたラジオ付プレイヤー、GPシリーズ。この機のミソは御覧の通り、ヴォリュームがダイヤルではなくフェーダーだってところ。ラジオのダイヤル・デザインもかわいい。

サイズ W38／D19.5／H8

スピーカー	持ち手	電池	AC	78	45	33	Hz	入力	出力	ピッチ	トーン	付属機能	色
M	○	UM1×4	○	−	○	○	○	−	M	−	−	ラジオ	青

爛熟のポータブル・プレイヤー全盛期

P.181

TOSHIBA GP-37

やたらと平たく直線的な、二次元感が面白いプレイヤー。
日本庭園と言うか海抜が低いというか、不思議なフォルム。
この感じでラジオ付きというのも意外。

サイズ W30／D29.5／H8

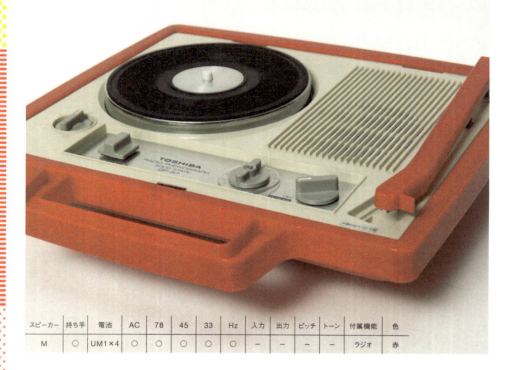

スピーカー	持ち手	電池	AC	78	45	33	Hz	入力	出力	ピッチ	トーン	付属機能	色
M	○	UM1×4	○	○	○	○	○	−	−	−	−	ラジオ	赤

TOSHIBA GP-42

GPシリーズの大胆フォルム。むき出しのダイヤルが面白い。
ふたを外すと、ふたの方の持ち手の細さが折れそうで不安。
固くて薄い殻をかぶった直線的な雰囲気に80年代の予感。

サイズ W33 ／ D20 ／ H7

スピーカー	持ち手	電池	AC	78	45	33	Hz	入力	出力	ピッチ	トーン	付属機能	色
M	○	UM1×4	○	-	○	○	○	○	-	-	-	ラジオ	赤

爛熟のポータブル・プレイヤー全盛期

TOSHIBA　GP-75S

祭壇のように開くステレオ・ポータブル。ナショナルにも同型のものありますが、こちらの方が大ぶりで大胆さが際立ちます。スピーカーが大きいわりに使わないときにはスペースを取らない、という発想でしょうか。後の縦型プレイヤーへの布石。

サイズ　W52／D10.5（39）／H30

スピーカー	持ち手	電池	AC	78	45	33	Hz	入力	出力	ピッチ	トーン	付属機能	色
S	○	−	○	−	○	○	−	−	−	−	−	−	黒

爛熟のポータブル・プレイヤー全盛期

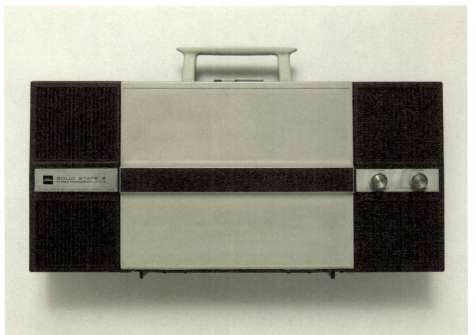

VICTOR PE-8

正方形を菱形に見立てた外装がおしゃれ。そして全体が微妙に傾斜していて様々な角度から眺めていると本当に飽きない。美しいプレイヤーです。

サイズ W26 / D26 / H8.5

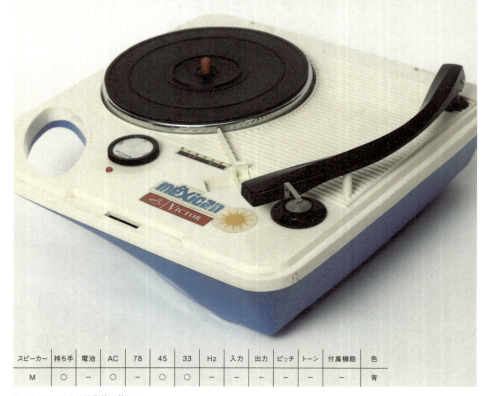

スピーカー	持ち手	電池	AC	78	45	33	Hz	入力	出力	ピッチ	トーン	付属機能	色
M	○	−	○	−	○	○	−	−	−	−	−	−	青

アームのフォルムは芸術的に美しい

爛熟のポータブル・プレイヤー全盛期

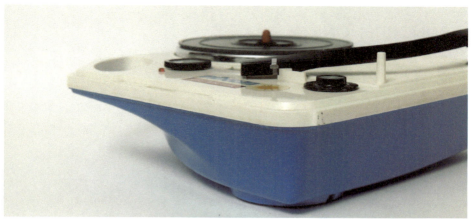

どことなく船出が想像されたり

ふたを閉めるとこの角度

ふたを開けるとこの角度

MINORUPHONE 型番不明

演歌作曲の大家、遠藤実のレコード会社ミノルフォンが製作していたポータブル・プレイヤー。アタッシェケースのようなディテールと削ぎ落とされまくったシンプルな機能とフォルムはポータブルの鑑!!　意外とパワーもあります。コロムビアに型番不明の同型のプレイヤーあり。

サイズ W30／D18／H8.5

スピーカー	持ち手	電池	AC	78	45	33	Hz	入力	出力	ピッチ	トーン	付属機能	色
M	○	UM1×4	–	–	○	○	–	–	–	–	–	–	黒

爛熟のポータブル・プレイヤー全盛期

ボリュームつまみがアームの置き場になるのも好アイデア

かわいい、
おもちゃプレイヤーたち

岡村みどり・談

ソノシート・コレクター、DJとしても活躍する通称"みんとり"さんは、人形やおもちゃにも造詣が深く、子供向け雑誌付録としてついていた、組み立て式のおもちゃプレイヤーを収集しているとのことで、ここにご登場願いました！付録プレイヤーはじめ、ポータブル・レコード・プレイヤーのさらに先にあるような、チープでキュートなトイ・プレイヤーの世界を紹介していただきます。

学習教材としての
レコード・プレイヤー

わたしは"おもちゃ""付録""おまけ"といったものが大好きで、そういう目線でソノシートなんかも集めるようになって。その前は'60～'70年代のバービー等のヴィンテージ・ファッション人形を真剣に集めていたんですが、結局、お金がモノを言う世界だったので財力が続かず、フランスのミリー以外は集めるのを止めました。それに、すごくかさばるし。それで切手とかソノシートは小さいし薄いから整理が楽だろうと思って選んだんですけど、結局は全然整理できていないんですね(笑)。

今日持って来たのは、学習教材としてのレコード・プレイヤーですね。"音の出る仕組み"や"振動"を教えるためのもので、音盤も付いていて、付録の箱を組み立ててプレイヤーにして、それを自分で回して聴くというものです。

だから音量なんて本当に知れたものだし、回す速度を一定に保つのがとにかく難しい(笑)。虫の声のソノシートなんかよくあるんですけど、それがちゃんと本物っぽく聞こえるように回すのが、面白くて仕方がなかったです。ちなみに虫って羽をすり合わせて鳴きますから、ソノシートとの親和性ってすごく高いと思うんですよね。

年代順に見ていくと、いろいろ見えてくることもあります。昭和53年の"おしゃべりレコードセット"はデザインが本物のプレイヤーに近いし、とてもよくできています。でも、昭和56年の"人気者ことばあそびレコードセット"になると、ステレオらしきデザインを優先するあまり、アームなんかどうでもよくなっている(笑)。"ラテカセ""見聞録"といった複合プレイヤーが出てきたの

で、単体プレイヤーなんてバカバカしいみたいなムードが、あったんじゃないかな？でもこのスピーカー、実はペン立てですから……。余計な機能が加わった面白さと悲しみと言いますか、ずさんではあるんだけど、こういうものこそ愛おしいなぁと思います。

昭和61年の"ファミコンレコードセット"です。音盤にはファミコンサウンドが収録されていて、それまであったなぞなぞや早口言葉などの"学習"の要素は無くなってしまいました。そして昭和63年は"ビックリマンレコードセット"で、音盤には"象のおなら"みたいな動物の生態もの。娯楽的な音盤の内容で惹きつけて、アナログ感なんかは「もういいでしょう？」って感じです。しかも、この辺になるとハサミやノリを使わないでも組み立てられる仕様で、ただはめ込むだけ。部品を切り取らないで済む、くらいのことが求められていたのが分かります。

まぁ1980年代後半ですから、よくソノシートやプレイヤーが付録化していたなとも言えるわけですが、諦念みたいなものも感じられます。

ちなみに付録プレイヤーでは、一貫して"レコード"という言い方がされていて、決して"ソノシート"という言葉は使われていないのも、注目です。これは、高級感を出すためでしょうね。

着せ替え人形と聴く音楽

トミーのステレオペットは、本当のおもちゃです。レコードみたいな透明な盤とプレイヤーがセットになっていて、"おにんぎょうさんといっしょに　たのしいおんがくをききましょう"というものですね。残念ながら壊れていて、音を聴いたことは無いのですが……。

面白いのは、この時代にはトミーは女の子

の着せ替え人形を作っていないのに、パッケージには人形が映っていること。これは実は他社の着せ替え人形で、バービーのモッズ時代の従姉妹のフランシーなんですね。でもアメリカのフランシーとは顔が違って、日本仕様のフランシーとなっています。日本仕様のフランシーは可愛らしさと珍しさでヴィンテバービー収集家の間で人気ですが、それが他社の玩具の外箱に写っているという事で、謎の一品となっています。
これは推測ですが、バービーを日本で売っていた国際貿易という会社が、かかわっていたんじゃないかな？ 今みたいにいろんなことがガッチリしていなかったから、おもちゃ業界同士のよしみで、国際貿易とトミーがコラボレーションしたのかもしれません。

必要は発明の母

田口くんが本文でも紹介している8盤レコード・プレイヤーは、本当によくここまでやった！ 執念のようなものを感じますね。ステレオペットとの類似性もあって、何かが連綿と続いている感じ。両方とも、ピッチ・コントロール機能が付いていますし(笑)。
普通のレコード・プレイヤーの場合、例えば不二家オバQチョコのおまけである"世界一小さなレコード"（発売当初）などは小さすぎてあるところ以上内側から針が進まずループしたり、アームがオートで戻ったりして困っていました。
そんなある日、思いつきで8盤のレコードに小さいソノシートを両面テープで貼り付けてかけてみたら、かかった！ これはうれしかったです。いわゆる、必要は発明の母ってやつですね。こう見えて上がり症なので人前でDJをやる度胸などなかったのです

が、8盤プレイヤーの思わぬ恩恵を発見して、この面白さをみんなに伝えたくなり、飛び道具的なやり方でソノシートDJを名乗るようになりました（笑）。

8盤レコード・プレイヤーは専用針の生産も終わっているので、部品取りのためにも本体を買い集めているのですが、ある日オークションで出品者の方が個人的に加工した"外部出力端子付き"プレイヤーを発見。「この小さなプレイヤーで音が外に出せるじゃん！」って早速落札したら、手違いで出力端子の加工がない、普通のプレイヤーが届いてしまって。出品者に連絡したら、すぐに"外部出力端子付き"を送ってくれて、"既にお送りしたものはお詫びに差し上げます"って（笑）。そんなこんなで5台は持っているんですけど、針が無くなったらおしまいですから、まだまだ増えていくんでしょうね。

8盤に関してはもうひとつ、びっくりエピソードがあります。

沖縄・宜野湾にある"南国の夜"というお店にライブ出演した際、そこによく出演されてるDJのケンシンさんという方が、なんと普通のターンテーブルで8盤レコードをかけてた！

8盤はレコードの穴がとても小さいのですがケンシンさんはすごく器用な方で、釣りのオモリか何かを改造してスタビライザーを自作してらして。

私とは完全に逆の発想だけど「あぁ、やっぱり必要は発明の母なんだな」と感動しました。

岡村みどり（Mint-Lee）

作曲・編曲家。クレハ「キチントさん」、ブリヂストン「タイヤ・カフェ」、映画「二人が喋ってる。」（犬童一心監督作品）、NHK Eテレ「時々迷々」「えいごりアン」「どちゃもんじゅにあ」等、CM、映画、アニメ、TVの音楽を多数手掛ける。実演では岸野雄一氏主催のシアトリカルなバンド「ワッタタワーズ」や、まゆたんとのトイポップユニット「ミントリノカ」等のメンバーとしても活躍。ソロ作品としてCD「ブルースでなく（Mint-Lee）」（アウトワン・ディスク）がある。2007年頃よりソノシート（フォノシート）のキレイな形状と既存のメディアに無い柔軟さに心弾かれ、収集。『レコード・バイヤーズ・グラフィティ〜ヴァイナル・マニアの数奇な人生〜』（リットーミュージック刊）にソノシート・マニアとして紹介される。集めるだけではなくカットアップ制作や、解説も交えた独自のソノシートDJイベントを定期開催。自らの楽曲同様、笑いとシリアスを同等に扱う、「愉快な熟女」。

PART3
おもしろプレイヤーあれこれ

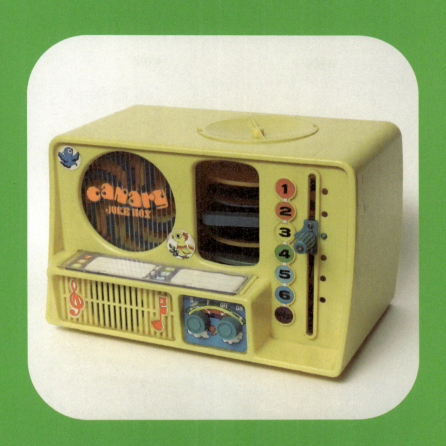

レコード文化の隆盛が生んだ徒花たち。おもちゃメイカーから新興産業まで、様々なメイカーがビジネスチャンスを賭けてプレイヤー制作に参入して生んだ珍機種たちをご紹介します。

日本重工　Sopic

日本重工が製作した筒型のレコード・プレイヤー。このルックスから、これがレコード・プレイヤーだと思う人はまずいないでしょうが、筒の下部に針があり、この筒と同サイズのレコードの上に置くと、針の方が回転して筒の上部のスピーカーから音が出るという画期的なプレイヤー。もちろん専用のレコードしかかけられないのですが、これが意外なヒット作となりました。元々は絵本などの読み聞かせ教育用として使われたものでしたが、当たったのはカラオケ用として。カウンターのみのスナックなどで、簡易カラオケ機として相当数が売れました。
初期型S-100はその基本型。
カラオケ機として定着してからのS-200は、歌い手のキーに合わせられるようにピッチシフト機能が付きます。
テレビ「モヤモヤさまぁ～ず」で発見・放映されたことで知られますが、そのときポンコツ・プレイヤーとして笑っていたのは、彼らが使い方を判っていなかったからです。

Sopic S-200

Sopic S-100

Panapic SF-1
同じ型によるパナソニック製のパナピック SF-1 はソピックよりデザイン性が高くスタイリッシュです

これがプレイヤーの底部。右の針が回転します。ふたの方も実はレコード

Panapic SF-2

SOPIC S-200を雛形に、電波で音を飛ばして
受信するスピーカー付きという驚きのスタイル。
コンパクトである意味を完全に失っています

おもしろプレイヤーあれこれ

Panapic SF-1G

パナソニックの創業60周年記念モデルSF-1Gは、豪華そうですが、実際はSF-1と同じモデル。金色のマイク付き。付いている冊子の全ページにレコードが切ってあり、最初と最後のページでは森繁久彌の歌唱と語りによる60周年を記念した録音が聞けます

こんなふうにページにレコードが貼りついていて

このように上に置いてかけて、左ページの歌詞を見て歌います

NATIONAL Magnafax

ビニール盤が出始めた頃には、まだどういうフォーマットが一般的になるのか判らないし、新しいハードもソフトも入り込める隙が世の中にたくさんあったので、一般的になる33 1/3回転、45回転の他に16回転レコードというものも意外と頑張っていて、日本では後に、なんと4回転という珍プレイヤー、ユーピー・サウンド・システムというものも登場したり、ハードもソフトも様々な実験が行われています。そんな初期ビニール盤文化の中で生まれた奇跡のオーディオがこれ。

このプレイヤーはナショナルが開発したマグネディスクというメディアを録再生するためのもの。マグネディスクは、一見ソノシートに見える、薄いぺらぺらの盤なのですが、これが磁気テープでできています。溝もあって、見た目は完全にレコード。つまり、レコードの針にあたる部分が磁気テープで言うところのヘッドになっていて、それを溝のある磁気ディスクでトレースすると、その磁気溝に録音ができて、再生もできるという珍アイディアです。

この機械が素晴らしいのは、シェルを付け替えることで、レコード・プレイヤーとしても使えるというところ。ですので、存在としては卓上型レコード・プレイヤーとも言えます。もちろん回転数が選べるので、磁気ディスクとしても、16、33 1/3、45、78回転と速度が変えられて、磁気録音の収録時間も伸縮できます。レコード・プレイヤーとしてのカートリッジもSP盤用とビニール盤用のターン・オーヴァー式。ビニール盤初期の徒花であり、究極のオールマイティ機。

ふたの裏に見えるのが交換用シェル

回転数の切り替えつまみ。16回転も搭載

右のつまみでレコード盤と磁気盤を切り替え、録音も可能

これが磁気ヘッド

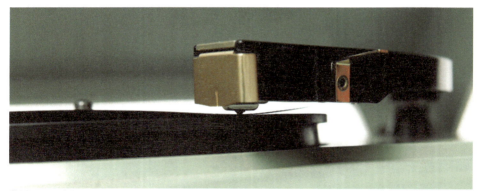

溝をトレースしたところ

おもしろプレイヤーあれこれ

NATIONAL　WE-200XC

ナショナルのたて開きトランク型。カセット、マイク、ライン入力はもちろんですが、なんと言っても売りはこのリズム・ボックス。スピーカーにスタンドが付いている感じと言い、カラオケ対応と思われますが、レコードやカセットと同時にリズム・ボックスが使えるので、様々な応用が利きそう。使い手の創造性が活かされる名機です。

これがリズム・ボックス部分。かなり太い音

地域の公民館などで、どんな娯楽が行われていたのかを
いろいろと想像させてくれます

センチュリー音楽産業　CRP-101

たて長のバーガー・タイプかと思いきや、センチュリー製作のゴールデン・ミニ・レコード専用のプレイヤーとのこと。3inchの小さいソノシートしかかけられません。役割のわりには大きすぎる気も。

これがそのセンチュリーの
ゴールデン・ミニ・レコード

国際貿易　canary JUKE BOX

驚きの3inchソノシート専用ジュークボックス。バームクーヘンのように詰まれたソノシートの位置にアームの方を動かして聞くという強引かつ意外な発想に脱帽の逸品。ソノシート6枚聞けます。入れ替えも可能。左側の虹のような飾りも回転して気分を盛り上げてくれます。

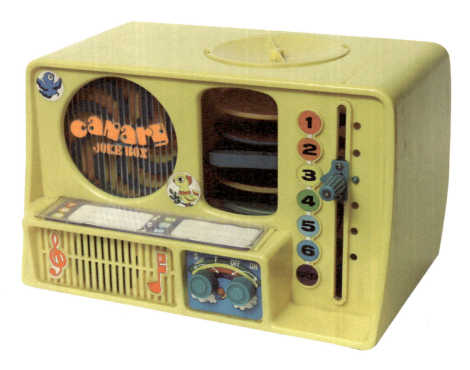

上のふたを開けてくしざしになったソノシートの棒を抜き、分解してレコードを入れ替えることができる

制作した国際貿易はバービーなどの国外玩具、人形を輸入していたそうで、その流れでこのようなオリジナル商品も製作していたのでは。全体の雰囲気の大雑把な垢抜けっぷりは日本らしくないので、もしかしたら海外に類似品があったのかも。子供向け雑誌の付録によく付いていたソノシートはちょうどこのサイズなので、いろいろ入れ替えて遊べたと思うのですが、あまり売れたとは思えません

UNKOWN ハンディメイト（仮称）

型番はおろかメーカー名もわからない超小型プレイヤー。さすがにもちろんシングル盤しかかからない。通常のレコード盤をかけるには限界のサイズでしょうか。
スピーカーの電源と、ターンテーブルを回転させる電源が別なので、二種類の電池をひとつずつ入れて使います。回転数を合わせるのも手動で、とても不安定。完全に「外で聞きましょう」という提案としてのプレイヤーだと思います。

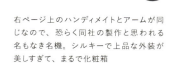

右ページ上のハンディメイトとアームが同じなので、恐らく同社の製作と思われる名もなき名機。シルキーで上品な外装が美しすぎて、まるで化粧箱

こちらはメーカーも型番も不明の超小型プレイヤー。
ハンディメイトという愛称だけが書いてある

ドーナツ盤を載せてもこんなにハミ出る。
小ささに衝撃

NATIONAL KX-501

カード・プレイヤー。学習機器はオリジナル機材の宝庫。磁気テープを応用したものが多いですが、これは珍しくレコードを使ったオリジナル機器で、英単語カード・レコード専用のプレイヤー。名刺大のカード・レコードを挿入すると中で針が回転する仕組み。ラジオのように見えて、見逃しがちなプレイヤー。

おもしろプレイヤーあれこれ

こんな単語カード1,000枚分くらいがセットになっている。とんでもなく効率は悪いけれども、このような学習機材は本当に売れていた。自分の子供にはどうしてもいい暮らしをさせてやりたいという親の気持ちが、こんな珍機であるにも関わらず、リサイクルで大量に出てくるという現実からも伝わってきます

オートリ ミニ・オート・プレーヤー

玩具メーカーのオートリが製作したミニ・プレイヤー。社名が「オートリ」だから考えたとしか思えない独自の「オートリターン」機能付き。この「オートリターン」が本当に驚きの動きをするのですが、発想がオーディオ的じゃなくて、さすがおもちゃメーカー。レコードが最後まで行くと、金属の物体に付いている金具にヘッドが引っかかって、アームをシングル盤の一番外まで運びます。初めて見たときはいったい何が起こったのか理解できませんでした。てんとう虫のヘッドシェルも本当にカワイイ！

おもしろプレイヤーあれこれ

レコードを載せるとこんな感じ。
これはカワイイ。小学校低学年以下向き

謎のアダプターから金属棒が出てきてアームをレコードの
あたまに運んでいるところ。あっという間のできごと

オートリ　ミニ・ステレオ

そのミニ・オート・プレイヤーの上位機種？　って言っていいのかよく判りませんが、おもちゃなんで、豪華版。ステレオって書いてありますが、スピーカーが二つついてるだけで、多分モノラル。マイク付きなんで、子供たちの「その気」になれる度は段違い。この大胆なルックスとチープさがたまりません。
これはもう、思ったよりボーナスが出たときのクリスマス・プレゼント・レベルですね。もらったとき狂喜した子も数年後、音楽に興味を持ちだしたら、あっさりおもちゃ箱に放置したであろう品。
おまけのソノシートにはスーパーカー・ブームの渦中と思われる音が入っていたので、70年代中頃の品と思われます。

VACUUM RECORDS　Vinyl Killer

おもちゃのレコード・プレイヤーというと、思い出されるのがこの車。
LP盤の上に置くと、溝に沿って車が走り、車の屋根のスピーカーから音が出るという有名な玩具プレイヤーです。これは90年代にヴァキューム・レコーズが再発した通称ヴァイナル・キラー。同種のもの、多数あります。
もちろん音なんていいわけがなく、音そのものもぐるぐる回っているので、当然聞きづらい。

おもしろプレイヤーあれこれ

亘体の下にはこのようにレコード針が

野村トーイ　おしゃべりカンカン

おもちゃメーカーが面白缶づめシリーズとして出した極小手回しレコード・プレイヤー。持っているけど、怖くて開けられず。まだそのまま。写真で想像してください。

出来あがりサンプル写真

BANDAI 8盤レコード・プレイヤー

バンダイが発売した「8盤」専用プレイヤー。「8盤」と言われるバンダイのノベルティ盤だけがかけられる。'04年発売で意外と売れたのも記憶に新しいところ。写真のものは明星食品のノベルティ・ヴァージョン。このプレイヤーのすごいところは、このプレイヤーでかけるための盤を大量に制作したところ。この時期にあって、ハードとソフトをセットで制作した気合に脱帽!!

おもしろプレイヤーあれこれ

日本の
ポータブル・
レコード・
プレイヤーは、
オーディオではない

雑談
田口史人＋湯浅学

日本のポータブル・レコード・プレイヤーは、オーディオではない　田口史人＋湯浅学

最後にぼくのいろいろな意味でのセンパイである、湯浅学さんに登場いただきます。これらのポータブル・レコード・プレイヤー全盛期、ぼくは小学生でしたし、実際にこれらが実用されていた、その初期から見ていたはずの湯浅さんと、これらのプレイヤーを肴に雑談してみました。

湯浅さんはオーディオの面からも音楽にアプローチしている方ですので、これらの裾野の雑機たちの世界がいったいどういう存在なのかをまた別の角度から俯瞰できたらと話してみたのですが、リスナーにとっての意外な装置になっていたという話に発展！　果たして、ポータブル・レコード・プレイヤーとはいったいなんだったのでしょうか。

湯浅学 | ゆあさ・まなぶ

1957年神奈川県生まれ。著書に『音海』『音山』『人情山脈の逆襲』『嗚呼、名盤』『あなのかなたに』『音楽が降りてくる』『音楽を迎えにゆく』『アナログ・ミステリー・ツアー 世界のビートルズ1962-1966』『アナログ・ミステリー・ツアー 世界のビートルズ1967-1970』『ボブ・ディラン ロックの精霊』などがある。

「幻の名盤解放同盟」常務。バンド「湯浅湾」リーダーとして『港』『砂潮』など。

近刊に『ミュージック・マガジン』誌の連載をまとめた『てなもんやSUN RA伝 音盤でたどる土星から来たジャズ偉人の歩み』(ele-king books) がある。

卓上蓄音機からつながっている感じ

日本のポータブル・レコード・プレイヤーは、オーディオではない　田口史人＋湯浅学

田口　今回の本では写真をいっぱい載せているんですけど、詳しいことはあんまり分からないんですよね。

湯浅　そうだろうね。でもポータブル・プレイヤーって要は、卓上蓄音機の変形ってことだよね?

田口　そうですね、卓上蓄音機の流れだと思います。だから、みんながいま普通にレコードを聴いているターンテーブルとは、やっぱり何かが違う。卓上蓄音機からつながっている感じがして、そのつなぎ目にあるのが、この本に載せた機種で言うと、コロムビアの333Dみたいなもの。

湯浅　あれは、小型ステレオ・セットっていうものだよね。

田口　そう考えると、ある時期、急激に対象年齢が下がっていくんですよね。電蓄とかは、やっぱりオトナじゃないですか?

湯浅　333Dだって、スピーカーが2個付いて、後ろに真空管が4本入っている。これは、プリ管とパワー管だよね。333Dは違うけど、ラジオ部分に真空管が入っているものもあるしね。

田口　蓄音機なんかは、完全にオトナです。

湯浅　超オトナだよね。蓄音機は聴いている方が音を作るから、自分が参加して、その中に入っていくという感じがある。針も1曲ごとに取り替えるし、ネジも巻かないといけないし、鳴らす場所も選ぶ。だから機械任せにできないし、蓄音機で聴くとすごく耳が立つよね。蓄音機は、オトナの再生装置です。

田口　それが、急激にコドモになっていく……。

湯浅　歴史的な流れで言えば、10年くらいで完全にコドモになってしまった。1960年だったら、電蓄みたいな大きめの据え置き型。それが333Dみたいなものになって、68年のGSの頃はもう東芝GP-37みたいなもので聴いていたんでしょう。だから63～64年くらいから、変化しているのかな?

田口　年齢層の下がりっぷりが急激ですよね。60年代後半に、小中学生レベルにまで、急に行ってしまった感がある。

湯浅　それは、音楽のユース化っていうのとちょっとシンクロしているんじゃない? ビートルズが出てきてから、ユースカルチャーは軽い方向、手軽な方向に進んでいくわけじゃない? それが、再生装置にも影響を及ぼしているというね。

オーディオとの分岐点

田口　そういう流れで、日本のポータブル・レコード・プレイヤーはデザインもカジュアルなものばっかり。

湯浅　「それでいい」っていう感覚なんだろうね。333Dが赤かったら変だけど、実はイギリスなんかにはそういうものもあったりする。レコード会社のパイってあるじゃない？　あそこが出しているオーディオ装置は、プラスチックでできていて、すごくかっこいい。

田口　あの感じは、日本ではちょっと見ないですね。

湯浅　日本では作られていなかったね。そういうデザインは、トランジスタ・ラジオの方に行っちゃったよね。大きな再生装置は、家具調が多い。

田口　日本でもweltronの家電とか、そういうモダンなセンスのものもありますけど、実際には海外向けだったりします。作る技術とかセンスはあったはずだけど、国内では消費されないっていう判断だったんですかね？

湯浅　値段の問題もあったかもしれない。まあ、洒落た家具の感覚が各自の部屋に降りてくるのは、まだまだ時間がかかった。その間にポータブルはコドモになったから、オーディオとはシンクロしなくなってしまった。オーディオ技術はどんどん上がってハイファイ化が進むけど、そういう意味ではマニア化して、年を取っていったわけだよね。

田口　だから日本のポータブル・レコード・プレイヤーは、オーディオではない。

湯浅　これはオーディオじゃない。何だろうね？　Tシャツなんかと一緒なんじゃない？

田口　音楽にかかわるグッズということで。だから、333DとGP-37は本当は隣に並べられない。

湯浅　並べてみると、同じ機能を持っているとは思えない（笑）。

田口　同じはずなのに（笑）。

湯浅　ラジオも付いているし、できることは同じ。でも、生まれた国が違う2人とか、アリと恐竜とか、それくらいの違和感がある。「実はこの2人、兄弟なんです」って言われたら、ビックリしちゃうよね（笑）。

給料2ヶ月分だった脚付きプレイヤー

田口 湯浅さん自身は、最初はどういうプレイヤーで音楽を聴いていました？

湯浅 ウチのは日立の4本脚のやつで、真空管タイプ。333Dより、2回りは大きかったかな？

田口 じゃあ、結構音楽好きな親御さんだった？

湯浅 なんか、流れで買ったんじゃない？ 洗濯機、掃除機、テレビ、ステレオ、全部日立だったから（笑）。親父は日産自動車勤務で、昔は日産の電気部品はほとんど日立製だったから、多少は社販が効いたんだよね。だから、電化製品はだいたい日立。電気ストーブだけは東芝だった気がするけど、あれは日立が作ってなかったからかな？ でも、ステレオが来たのはテレビを買った後だよね。テレビを買ったのが昭和34年（1959年）なのは確かだから、そのちょっと後。でも、東京オリンピックの時にはもうあった。その後、イトコが引っ越しするからって置いていった小さいやつを、しばらく使っていたな。

田口 それは卓上タイプですか？

湯浅 そうそう。だから中学高校は2つを併用していた。小学校の時は大きいやつだけで、兄貴がティファナ・ブラスとか吹奏楽のレコード、あとはソノシートを聴いていた。だからプラスチックのボディのプレイヤーは、使ったことが無かった。

田口 友達の家なんかはどうでした？

湯浅 田中宏一くんっていう友達がいるんだけど、彼の家にはたぶんナショナルのやつがあって、それで加山雄三の「夕陽は赤く」「夜空の星」なんかをよく聴いていたよ。小学校3〜4年の頃だけど、コウちゃん家は文化住宅で6畳と4畳半しかなかったから、卓上タイプだったね。

田口 脚が付いているような本格的なプレイヤーは、当時はなかなか買えなかったんじゃないですか？

湯浅 結構頑張って買ったんじゃない？ 昭和37〜38年（1962〜63年）だと、初任給が2万円くらい。

田口 給料の1〜2ヶ月分はしたんじゃないですか？

湯浅 あの手の脚付きは、給料2ヶ月分くらいですよ。

日本のポータブル・レコード・プレイヤーは、オーディオではない　田口史人＋湯浅学

田口　そんなプレイヤーを買うなんて、かなり頑張っていますよね。

湯浅　コーヒー1杯が100円の時代に、レコードが350円くらいだから、やっぱり高いよね。でもレコードって実は値段据え置きというか、物価上昇率に比べて圧倒的に安くなっているよね？

田口　値段がほとんど変わってないですから。

湯浅　40年前からほとんど値段が変わっていない。昔から、LPはずっと2,000円（笑）。中古盤の基準も、ずっと1,000円。そう考えると、当時の人はずいぶん頑張って買っていたわけだよ。

ポータブルは野外で使われなかった？

湯浅　ポータブル・レコード・プレイヤーの存在を知ったのは、雑誌なんかの広告に出ていたからだよね。「外でレコードを聴こう」みたいな感じで、『平凡』『明星』なんかの芸能誌や『ミュージックライフ』や少年誌に広告が載っていた。電池で動くしね。あとは、4畳半とかアパートで聴く人用のポータブルっていうイメージ。中学校の英語の授業で、基本はオープンのテープレコーダーなんだけど、時々ポータブルで英語のレコードをかけることもあったね。

田口　教材では、だいぶ使われている気がします。

湯浅　あとは、運動会の練習ね。ポータブルのスピーカー部分にマイクを立てて、講堂とか体育館のスピーカーから音を出して、それに合わせてお遊戯するとかかな。だから、(幻の名盤解放)同盟のイベントでやっていることと……。

田口　全く一緒ですね！（笑）。

湯浅　ラインアウトが付くのなんて、だいぶ後だからね。70年代に入ってからじゃないかな？

田口　電池駆動が一般的になるのは、いつ頃ですか？

湯浅　60年代の真ん中あたりじゃない？　65年の広告には、電池駆動の製品が出ていたよ。

田口　あの頃は、電池で動くのがウリになっていましたよね。でも、実際に外で聴いている人っていたんですか？

湯浅　あんまり会ったことは無いなぁ。だって、レコードを持っていかないと

いけないわけじゃない？

田口　それはハードルが高い（笑）。

湯浅　いまみたいに、レコードを漁る人たちがいるわけでもなかったし。でも、「東京のプリンスたち」（深沢七郎）なんか読むと、喫茶店に電蓄が置いてあって、それでシングルを聴いたりしてるんだよね。

田口　店に置いてあったっていう話は、よく聞きます。

湯浅　店にレコードとプレイヤーが置いてあって、リクエストに応じてかけていくというね。だから、「あいつが来ると無理やりあれを聴かされるからイヤだ」とかがあって、面白い。

軽すぎるアーム

田口　最近、東芝のTP-2というのを入手したんです。型番からして、卓上ポータブルの2モデル目だと思うんですけど。

湯浅　だいぶ古いね。これ、クリスタルタイプのカートリッジじゃない？この間、クリスタルタイプのカートリッジを買ったんだけど、盤を選ぶんだよね。全然トレースしないのがある。

田口　トレースしないっていうのは、どういうことなんですか？

湯浅　溝に合わないんだよね。

田口　幅ですか？

湯浅　深さもある。レコードの溝って昔のが浅かったのかもと思わせる盤があるの。だからアームが重くないとダメなんだよね。アタマだけを重くしても、アームが重くないとどうにもならない。

田口　あぁ、それは最近すごく思います。

湯浅　だって、針圧7だよ！　5とかじゃ、全然かからない。

田口　でも、アタマだけ重くすると結構負担がひどいんじゃでないですか？

湯浅　そうそう。それで池田圭先生の本を読んでいたら、「やっぱりダンパーアームが一番良い音がする」って書いてあって。アーム自体が重い方が、理にかなっている。振動を伝える部分は重い方が、良いわけだから。

田口　ポータブルは、アームが軽すぎて音圧の高い盤なんかは絶対無理ですね。

湯浅　ハネられちゃうよね。支点から全部が均等に重いのが、一番良いんじゃ

日本のポータブル・レコード・プレイヤーは、オーディオではない　田口史人＋湯浅学

ないかな。で、アタマにカートリッジ分だけの重さがかかっているという状態。
田口　天秤みたいになっている感じですよね。天秤自体が安定しているのが、大事っていう。
湯浅　そうじゃないと、「ちゃんと計れない」ということだよね。クリスタルのカートリッジだと65年くらいが境目で、それより前のものはものによってはかかる。ナガオカのカートリッジなんだけど、ステレオ仕様でSPの切り替えもあるんだけど（笑）、65年以前のステレオ盤は個体差が激しいから、かかっても歪んじゃって、調整がすごく難しいものばっかり。
田口　ナガオカもいろいろ作ってますよね。
湯浅　勉強になると思って、古いレコードで安いのを買って、いろいろ試しているんだよね。

1曲ごとに完結したリスニング空間

田口　ポータブルを並べていろいろ聴いてみると、まずはピッチの設定がみんなバラバラなんですよ。
湯浅　そうだね。速いのもあれば、遅いのもある（笑）。
田口　だいぶ差があります。
湯浅　しかも、出てくる周波数も違うわけじゃない？
田口　だから、ポータブルで聴いていた当時の人達は、聴いていた音の記憶が人それぞれで、みんなが全然違うものを聴いていたんだなって（笑）。
湯浅　「ポールのベースが〜」なんて言う人はいなかった。
田口　「ベース入ってたっけ？」みたいな機種もある（笑）。
湯浅　「ポール？　あの人はコーラスでしょ？」っていうね（笑）。
田口　低音の無さっぷりに、びっくりする機種は結構あります。
湯浅　そういう意味では、真空管時代はちゃんと低音も出るし、音が良い。やっぱりオトナなんですね。ペラくなったのは、トランジスタで電池になってじゃないかなあ。
田口　そうかもしれないですね。でも、本当に機種によって笑ってしまうほど音が違う。
湯浅　形の限定があるから、聴くものもそう無茶はできないよね。

田口　普通に歌謡曲のシングルを聴くとか、配られたソノシートを聴くとか、そういう感じですよね。何が入っているかを意識するのではなく。とにかく「レコードを聞く」っていう行為の楽しみのためだけの物。音楽をちゃんと聴こうと思ったら、選ばれない（笑）。

湯浅　今だったら選ばれない。これにUSBを挿せるとかも、また違うし。

田口　あんまり得した気はしないです。「じゃあなんでポータブルで聴くの？」って言われたら、気分というか……。

湯浅　シングル盤の気分は、これなんじゃないかな。卓上プレイヤーは特にそうだけど、長時間聴くものではない。1曲ごとに完結したリスニング空間みたいなもので、大人数で聴くものでもないしね。

田口　そもそも、音で空間を満たせない（笑）。

湯浅　伝わっていくのかな？　と思うと、途中でフェードアウトしちゃう。

田口　ちょっと離れると、「何か鳴っている」という風景にしかならないですから。聴こうと思ったら、近寄って覗き込むことになる。

湯浅　近寄ればレーベルが見えて、回っているたたずまいも分かる。そういうものだよね。

音楽に優劣が無くなってしまう

湯浅　ポータブルで音楽を聴くと、ダブでも第九でもみんな同じになってしまう部分があるじゃない？　その中で、差異を比べていこうということになるから、すごく民主的な装置なんだと思う。リー・ペリーでもカラヤンでも、同じ土俵に乗ることになるからね。これで聴くと、特別なものが無くなるっていうか。

田口　確かに、ポータブルでばっかり聴くようになってから、特別なものがより無くなっています。みんな「同じ」っていうか。

湯浅　音楽に優劣が無くなってしまう。そういう、ヒエラルキーを無くす、すごく良い装置ですね。

田口　入口でこれがあった時代の方が、面白かったなっていう気がしていて。その先は、1回ちゃんとしたステレオ装置で聴いてみようと思うものが出てきたりっていう……。最初から大きなステレオで聴くと、国体のソノシートは聴く気が無くなって、どうしても後回しになる。でも

これだったら、手元にあるレコードを順番に聴いていける(笑)。

湯浅 なし崩しにするっていうか(笑)、頑張ろうが頑張るまいが、みんな同じになる装置。それがポータブル。

田口 スタートラインを同じにさせられちゃうので、聴いていても、態度としてはこっちが覗き込む形になります。

湯浅 その中から、「あれ、これは何か違うかも?」というものは、別の再生装置でも聴いてみようかってなる。

田口 でも、確認はできない(笑)。

湯浅 そう、あくまで予感だけ(笑)。これで2回聴いても、全く同じだからね。

田口 「気になる」っていうのはあるけど……。

湯浅 ポータブルで聴き込んでも無駄だよね。何も見えない。これは、音楽にとっては大事なことだと思う。

田口 「へぇ〜」とは思うけど、ポータブルで聴いて感動することは無いですよ(笑)。まず、どんな音楽でも感動しない。

湯浅 「すげえな、これ!」みたいなことは無いよね。あと初期のステレオ盤なんかは、きっちり左右に音が分かれているものが多いじゃない? イノック・ライトなんかは、左右が時々入れ替わったりする。あれはステレオ装置を売るための音楽だからだけど、ポータブルでは音の移動が無いじゃない?

田口 そういうのをたまに聴くと、本当に虚しいです(笑)。

湯浅 「どうせポータブルなんだから、音が左右に分かれるのが何だよ、関係無い」っていう、そういう強さがあるよね。真空管時代のものだと、モノ盤を聴けば位相の良い音楽を聴けるんだけど、ポータブルは定位感が無いから位相も何もない。

田口 位相のチェックなんてしようも無いですよ。

湯浅 何となく「逆相かな?」くらいは、分からないでもないけど。

田口 いや〜、僕は分からないです(笑)。

日本のポータブル・レコード・プレイヤーは、オーディオではない　田口史人＋湯浅学

あとがき

　日本のポータブル・レコード・プレイヤーのあれこれ、いかがでしたでしょうか。ポータブル・レコード・プレイヤーの種類は、もちろんこんなものではなく、これは本当に氷山の一角。たまたま僕と縁があったプレイヤーでしかありません。

　こうして見てきた通り、プレイヤーの個性は千差万別。音楽がデータ化して以降、同一音源を聞いているということは同じ音を聞いているのだと思い込んでしまっていますが、実際には、プレイヤーが違えば、音はだいぶ違います。それがポータブル・レコード・プレイヤーだったりしたら、それが同一音源だったとしても、聞いていた音はまったく違っていたと言っていいでしょう。なんたってこれらのプレイヤーは、そのピッチだってだいぶ怪しく、聞いていた音の音程や速さだって違ったのですから。もちろん同じプレイヤーでも個体差がありますし。同じレコードを聞いていたとしても、実際にそれぞれが聞いていた音はそれぞれ違っていて当たり前なのです。むしろ、そこから聞こえてきたレコードが持っている事情を想像する力と、自身を取り巻いている社会環境の共通性によって人々は「同じ音」を共有していたのです。

　それでも60年代の真空管プレイヤーの時期ならば、まだ一般の人が「音の質」を選べるような状況ではなかったし、「レコードを聞く」という行為そのものの魅力が強い力を持っていましたから、音の差はそう大きな問題ではなかったと思います。

　それがプレイヤーが真空管からソリッド・ステイト化し、一方で、オープンリールのテープ録音機が買えるようになってくると、音楽を本気の趣味とする人たちは本格的なレコード・プレイヤーやテープに流れ、70年代以降にこのようなポータブル・レコード・プレイヤーを使っていたのは子供や、なんとなくレコードを聞く事を楽しんでいた、いわゆるグレー層だったはずです。少し前から人気が再燃しているラジカセなどは、音楽好きには本当に愛されている機械だと思いますが、ここで紹介してきたポータブル・レコード・プレイヤーの主立った物は、湯浅学氏との話でも出てきた通り、音楽を聞くための機械ではなく、「レコードを聞く」という気分のためのグッズと言ってしまっていいと思います。しかし、このようなプレイヤーを使ってレコードを聞いていた多くのグレー層、つまり広大な裾野のような聞き手がいたからこそ、歌謡曲は成立したのだし、レコード産業は活況を呈したのです。

　僕はこれらのプレイヤーについて詳細な情報を調べたりも特にしていません。僕はただ、これらの「現物」と向き合って、愛でて楽しんでいるだけです。これはレコード盤に対する態度においても同様です。インターネットなどでキーワード検索して出てくることもあるでしょうが、そんなことよりも現物に刻まれた経年劣化による損傷や、素材の感触、

様々な持ち主たちの痕跡、そしてその形状や音から想像できる様々なことの方が、僕にはとても大切で大事なことなのです。

　それは、これらの「物」と僕との関係そのもので、そこに関係性を飛び越えた様々なピンポイント情報が介入すると混乱してきます。せっかく「現物」があって、そこからたくさんのことがじわじわとわかってきて、それを吟味しているところに入ってくる足元のおぼつかない細かな「情報」は、いちいちその真偽を確認していたら時間が取られすぎてしまい、結局はネット情報に振り回されることになります。そうならないためには、「私が得たネット情報は正しいものだ」と信じ切るしかありません。僕にはそんなことはできないし、それに、せっかくこれらの「物」と何かを交感していたのに、急におしゃべりな外野に「情報」をまくしたててこられるような状況は、無粋な話で割り込まれたみたいで本当にしらけてしまうのです。

　情報の「正しさ」なんて本当はどうでもよく、目の前の「物」とのあいだの実感の方がよほど大事なことだとも思っています。だから、まずは「そのまま」をじっくり見聞きしたいのです。そこにある「物」たちの言い分を聞くために。このことは我々の暮らしそのものの在り方にも深く関わっている問題のはずです。

　この本は、こうした「過去」と「物」との付き合い方をハード（プレイヤー）の面から試みたもので、ソフト（レコード）側からの話を『レコードと暮らし』（夏葉社）という本で書いていますので、合わせて読んでいただけたら幸いです。

　最後に、僕と同じ目線でプレイヤーたちの世界の中に入って来てくれた高見知香さんにホントーに感謝してます。本書はほとんど彼女の写真集と言ってもいいくらいのものになっています。「物」と対話してくれたのが本当に嬉しかった。

　　　　　　　　　　　　　　　　　　　　　　　　　　　田口史人

田口史人 | たぐち・ふみひと

1967年神奈川生まれ。高円寺円盤／リクロ舎店主。90年頃から音楽ライターとして活動。同時に新作、旧音源の復刻などのCD制作を始めた。これまでに300タイトル以上を発表。現在は店の営業と並行して、全国各地で「レコード寄席」という出張トークショウを行っている。著書『レコードと暮らし』（夏葉社）

日本のポータブル・レコード・プレイヤー
CATALOG －奇想あふれる昭和の工業デザイン－

2015年11月25日　第1版1刷発行
2024年10月10日　第1版2刷発行

著者：田口史人

デザイン：軸原ヨウスケ／中野香（resta films）
撮影：高見知香
発行人：松本大輔
編集人：橋本修一
編集長：功刀匠
編集担当：山口一光

印刷・製本：株式会社ウイル・コーポレーション

発行：立東舎
発売：株式会社リットーミュージック
〒101-0051 東京都千代田区神田神保町一丁目105番地

【本書の内容に関するお問い合わせ先】
info@rittor-music.co.jp
本書の内容に関するご質問は、Eメールのみでお受けしております。お送りいただくメールの件名に「日本のポータブル・レコード・プレイヤー CATALOG」と記載してお送りください。ご質問の内容によりましては、しばらく時間をいただくことがございます。なお、電話やFAX、郵便でのご質問、本書記載内容の範囲を超えるご質問につきましてはお答えできませんので、あらかじめご了承ください。

【乱丁・落丁などのお問い合わせ】
service@rittor-music.co.jp

定価2,750円（本体2,500円＋税10%）

©2015 Rittor Music, Inc.
Printed in Japan　ISBN978-4-8456-2722-6

落丁・乱丁本はお取り替えいたします。本書記事の無断転載・複製は固くお断りいたします。

本書の無断複写は著作権法上での例外を除き禁じられています。複写される場合は、そのつど事前に、(社)出版者著作権管理機構（電話 03-3513-6969、FAX 03-3513-6979、e-mail: info@jcopy.or.jp）の許諾を得てください。

JCOPY　<(社)出版者著作権管理機構 委託出版物>